尼日尔沙漠油田钻完井技术

《尼日尔沙漠油田钻完井技术》编写组　编著

石油工业出版社

内 容 提 要

本书简要介绍了尼日尔沙漠油田的概况，重点阐述了针对尼日尔沙漠油田钻完井难点所采用的钻完井技术，主要包括井身结构优化、钻井液技术、固井技术、工厂化作业技术和废弃物处理技术等。

本书可供从事石油工程钻井作业、生产管理等相关专业的从业人员参考，也可作为石油院校相关专业师生的参考书。

图书在版编目（CIP）数据

尼日尔沙漠油田钻完井技术/《尼日尔沙漠油田钻完井技术》编写组编著 . —北京：石油工业出版社，2020.12

ISBN 978-7-5183-3079-9

Ⅰ.①尼… Ⅱ.①李… Ⅲ.①沙漠-油气钻井-完井-研究 Ⅳ. TE257

中国版本图书馆 CIP 数据核字（2020）第 220514 号

出版发行：石油工业出版社
（北京安定门外安华里 2 区 1 号　100011）
网　　址：www.petropub.com
编辑部：(010)64523757　图书营销中心：(010)64523633
经　　销：全国新华书店
印　　刷：北京晨旭印刷厂
2020 年 12 月第 1 版　2020 年 12 月第 1 次印刷
787×1092 毫米　开本：1/16　印张：12
字数：300 千字
定价：100.00 元

前 言

我国原油对外依存度已超过 60%，而西非将是中国石油天然气集团有限公司(以下简称中国石油)海外油气勘探开发新的产能贡献区，是"一带一路"国家战略布局在非洲的重要体现。尼日尔项目作为中国石油在西非油气合作的重要区域，油气资源丰富，合同区块自然环境恶劣(沙漠)，资源国环保要求高(欧盟标准 91/271/EEC)；储层带状分布且非均质性强，布井难度大；井壁易失稳，卡钻等复杂事故多；储层敏感性强、易受伤害等难点问题，导致钻井周期长，作业成本高。中国石油介入后，通过地质工程一体化、采用强抑制性钻井液、废弃物无害化处理、固井工艺和修完井技术等方面的技术攻关，形成了系列钻完井技术，解决了前作业者无法攻克的瓶颈问题，实现了尼日尔沙漠油田 175 口勘探开发井的安全、高效、环保、低成本钻完井作业，施工品牌和环保形象同举共树，打破了"Agadem 油田无商业开发价值"的前作业者的论断，解放了尼日尔区块 Agadem 油田亿吨级构造油气。

本书的编写与出版得到了中国石油国际勘探开发有限公司、中油国际(尼日尔)上游项目公司、中国石油集团工程技术研究院有限公司、中国石油集团长城钻探工程有限公司尼日尔项目部等单位领导和专家的大力支持与关注，在此一并表示感谢！

本书适用于从事石油工程钻井作业、生产管理等相关专业，以及需要了解尼日尔沙漠油田钻井作业情况的人员阅读。

目 录

CONTENTS

第一章

尼日尔沙漠油田概况

第一节 尼日尔国家石油工业

一、地理人文条件

尼日尔地处西非内陆，撒哈拉沙漠以南，全国人口约 2200 万。尼日尔的地势北高南低，北部广大地区是沙漠，占全国面积的约 60%，中部是高原牧区，南部是低平农垦区。境内的河流大多是季节河，常流河主要为尼日尔河。北部属热带沙漠气候，南部属热带草原气候，年平均气温在 30℃ 左右，最高温度达 40℃ 以上，是世界上最热的国家之一。

尼日尔面积约 $126.70 \times 10^4 km^2$，在全世界排第 21 位。尼日尔纬度在北纬 $11° \sim 23°$，与东南亚的泰国、越南类似，但该国绝大部分领土都是炙热的沙漠，只有西南部尼日尔河一带满足人类生存条件。

尼日尔首都尼亚美，位于尼日河的东岸，人口约 100 万。津德尔市（$100 \times 10^4 t/a$ 加工能力的炼厂所在地）作为该国的第二大城市，人口约 30 万人，距尼亚美 950km。公民主要部族有：豪萨族（Haussa），占全国人口的 56%，主要分布在南部，善于经商；哲尔马—桑海族（Zarma-Songhai），占 22%，主要分布在西部尼日河流域，从事农业；图阿雷格族（Touareg），占 8%，主要分布在北部和西部，系游牧部族；颇尔族（Peuhl），占 8.5%，散居在全国各地，主要从事牧业；卡努里族（Kanouri），占 4%，主要分布在津德尔、古雷和乍得湖之间，以农为业。各部族都有自己的语言，通用豪萨语，官方语言为法语。

二、尼日尔石油工业简况

尼日尔国家的主要油气潜力地区为 Termit 盆地，位于尼日尔中南部，向南延伸到乍得（其南延部分被称为乍得湖盆地），是西非裂谷盆地系众多中新生代裂谷盆地中的一个，向北与 Tefidet 盆地、Tenere 盆地相接，向南与 Benoue 断陷带北端的 Bornu 盆地相邻

（图 1-1）。Termit 盆地是在 130Ma 前冈瓦纳大陆解体、南大西洋开始张开的过程中产生的，经历了白垩纪、古近纪两个时期的断陷—坳陷旋回叠置，沉积了巨厚的中、新生代地层，盆地中心最大沉积厚度超过 12000m。纵向上形成两套沉积层序，形成两套烃源岩和两套成藏组合，其中上白垩统海相烃源岩为主力烃源岩，古近系成藏组合为主力产层。盆地断裂十分发育，圈闭以断鼻、断垒为主。

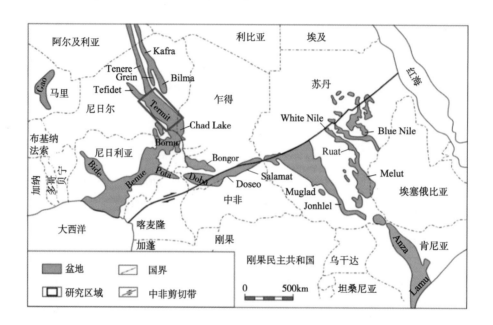

图 1-1　尼日尔 Termit 盆地构造位置图

　　尼日尔境内的油气勘探始于 20 世纪 50 年代末期，主要集中在东部东尼日尔盆地。1962—1964 年在 Talak 地区和 Djado 地区钻井 9 口，全部为干井。此后，一些国际著名油公司先后开始在尼日尔境内进行油气勘探，并于 20 世纪 80—90 年代在尼日尔东部的区块获得工业油气发现，但由于含油气区块地处沙漠腹地、距离目标市场远、国际原油价格低等原因，而没有得到大规模开发。截至中国石油介入尼日尔油气业务前，前作业者在尼日尔境内共发现 7 个油气田。

　　中国石油于 2008 年 6 月正式进入尼日尔，2011 年在津德尔市建成 $100 \times 10^4 t/a$ 炼油项目，至此尼日尔初步形成了一套较完整的石油工业体系，结束了成品油依赖进口的历史。由于尼日尔国家经济发展水平极低，国内市场极为有限，目前尼日尔国内年消耗产品油不足 $40 \times 10^4 t$，津德尔市炼厂设计原油加工能力为 $100 \times 10^4 t/a$，加工的成品油除满足尼日尔本国消费市场外，还可出口至尼日利亚、马里、布基纳法索等国家（图 1-2）。

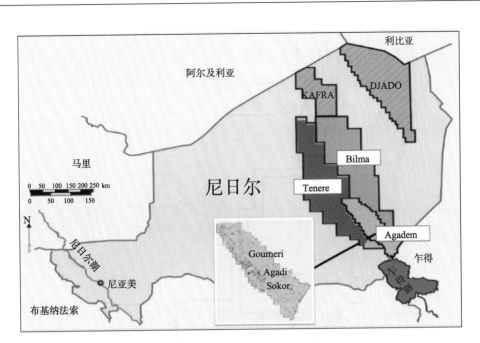

图 1-2　尼日尔主要油气区块分布

第二节　石油地质概况

一、区域构造背景

中非—西非裂谷系是世界上著名的中—新生代裂谷盆地群，发育了大量的含油气盆地，如西非裂谷系的 Termit 盆地、Benue 盆地，中非裂谷系的 Doba 盆地、Bongor 盆地、Muglad 盆地等，其中 Termit 盆地油气富集程度最高，区块已发现的 120 个含油构造全部分布在该盆地内。这些盆地形成于早白垩世冈瓦纳大陆裂解、南大西洋张裂的构造背景下，其形成过程均发生过被动裂谷作用(图 1-3)。西非裂谷系盆地构造演化可划分为 3 期 6 个阶段：即前裂谷期泛非地壳拼合阶段及寒武纪—侏罗纪稳定克拉通阶段，同裂谷期早白垩世裂谷阶段、晚白垩世坳陷阶段及古近纪裂谷阶段，后裂谷期新近纪—第四纪坳陷阶段。其中早白垩世—古近纪的裂谷演化对盆地的形成具有决定性意义。

前寒武纪泛非地壳拼合运动形成了泛非古陆(冈瓦纳大陆的一部分)，但拼合作用同时也形成一些特定方向的脆弱带，成为后期中西非剪切带早白垩世裂谷的先存断裂。寒武纪—侏罗纪时期，中西非地区为自北向南超覆的陆相克拉通台地，局部地区在海西运动时期沿泛非古陆脆弱带发生热变质作用，形成一套浅变质碎屑岩基底。

早白垩世中、晚期(130~96Ma)，中西非地区发生第一幕强烈的裂陷活动，非洲—阿

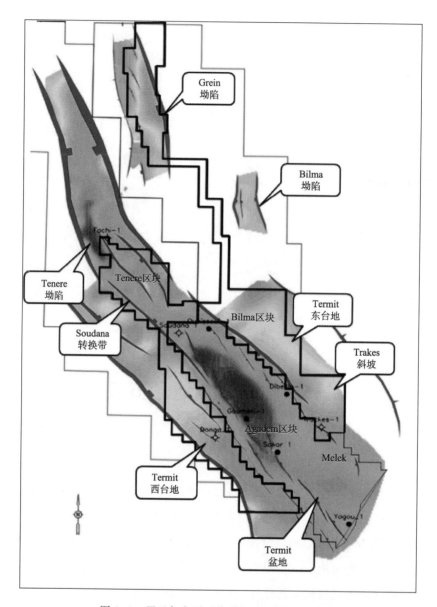

图 1-3　尼日尔主要西非裂谷盆地构造位置图

拉伯板块内部伸展方向为 NE-SW 向。沿着 NW-SE 向的前泛非期变质带和泛非期造山带，一系列陆内裂谷盆地初始断陷在尼日尔、乍得、苏丹、肯尼亚等地区再次活动，NW-SE 向的边界断层快速沉降。这个时期，Termit 盆地发生第一幕较大规模的裂陷，形成了厚达 5000 多米的陆相沉积。

在晚白垩世(96~75Ma)，东尼日尔盆地群(Termit 盆地)以坳陷热沉降为主，该时期为显生宙全球海平面最高的时期，发生大规模海侵，海水来自新特提斯洋和南大西洋，在非洲板块内部存在一条海道，由南至北经贝努埃海槽、乍得(Lake Chad 盆地)、尼日尔(Termit 盆地等)、阿尔及利亚、马里等，沉积了巨厚的海相地层。至晚三叠阶，欧亚板块与非洲—阿拉伯板块发生初始碰撞，在板内形成近 NNW-SSE 向的挤压应力。乍得 Bongor 盆地、Salamat 盆地和 Doseo 盆地等 E-W 向及 NEE-SWW 轴向的盆地发生褶皱作用或构造反转，而尼日尔 Termit 盆地，苏丹 Muglad、Melut 盆地等一系列 NW-SE 向盆地则持续沉降，没有发生明显的构造反转。海平面下降始于晚白垩世末期至马斯特里赫特阶，中西非盆地主要发育陆相沉积。

在古近纪(74~30Ma)，中非剪切带活动停止(乍得 Doba、Deseo 盆地断层活动基本止于白垩系顶)，与此同时，非洲—阿拉伯板块与欧亚板块开始碰撞，在非洲板块内部形成南北向挤压的构造环境，造成中—西非裂谷系大多数盆地发生反转(如 Muglad 盆地等)。而北西向展布的盆地(如 Termit 盆地)发生第二次伸展裂陷活动，并一直延续到渐新世末，此次裂谷活动的主应力方向(近 E-W)与早白垩世裂谷期(NE-SE)存在一定角度，晚期断裂叠加于早期断裂之上，使得盆地古近系构造更加破碎。

进入新近纪后，中非剪切带裂陷作用减弱，构造活动以垂直升降为主，中西非裂谷系以缓慢的热沉降为主要特征，盆地进入后裂谷的坳陷阶段，最终形成现今构造格局(图 1-4)。

二、盆地构造演化

Termit 盆地经历了白垩纪和古近纪—第四纪两期裂谷旋回叠置的演化过程。

第一裂谷旋回形成于冈瓦纳大陆裂解和南大西洋张裂的构造背景，经历了早白垩世裂陷期和晚白垩世坳陷期。裂陷期发生于早白垩世，非洲—阿拉伯板块内部 NE-SW 向伸展作用使 Termit 盆地发生强烈的裂陷活动，形成一系列 NW-SE 向断层控制的地堑和半地堑。Termit 盆地沿这些断层伸展断陷，发生快速构造沉降。坳陷期发生于晚白垩世，经历短暂的裂谷作用后，又经历了长时间的热沉降，断裂活动较弱，总体上以坳陷作用为主。

第二裂谷旋回形成于非洲—阿拉伯板块与欧亚板块俯冲、碰撞的构造背景，经历了古近纪裂陷期和新近纪—第四纪坳陷期。裂陷期在古新世—早中始新世，断陷活动较弱。在始新世末至渐新世，盆地经历强烈的伸展断陷活动，主要断层活动位于西侧边界断层附近，该时期区域伸展方向为 NEE-SWW 向。在盆地边界附近，早白垩世断层发生继承性活动，派生出与其走向近平行倾向相反的断层，在构造样式上呈"Y"字形；在盆地内部及早白垩世断层不发育的构造区域，形成一系列走向与伸展方向近垂直的新生断层，呈 NNW-SSE 向。坳陷期对应新近纪—第四纪。其中，在中新世初，Termit 盆地发生区域隆升，古近系地层遭受一定程度的剥蚀。在中新世至第四纪，构造活动较弱，盆地发生热沉降。

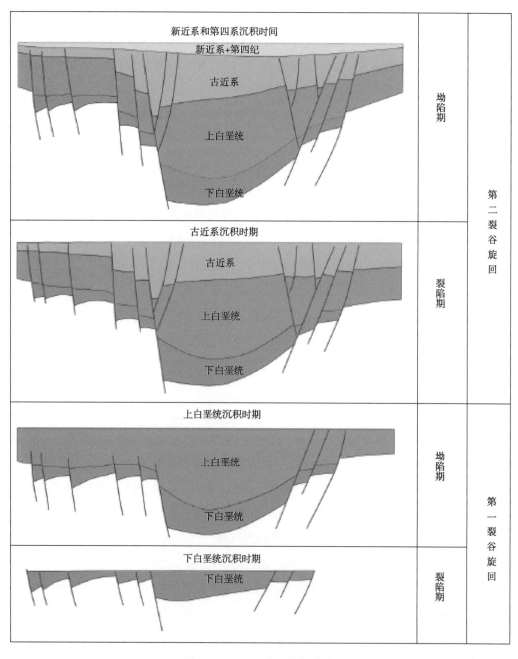

图 1-4　Termit 盆地构造演化

三、地层发育特征

地震、钻井、测井和岩心分析化验等多项研究资料揭示和证实，尼日尔 Termit 盆地从老到新包含的地层有：前寒武系—前侏罗系基底、下白垩统、上白垩统、古近系、新近系和第四系(图 1-5)。

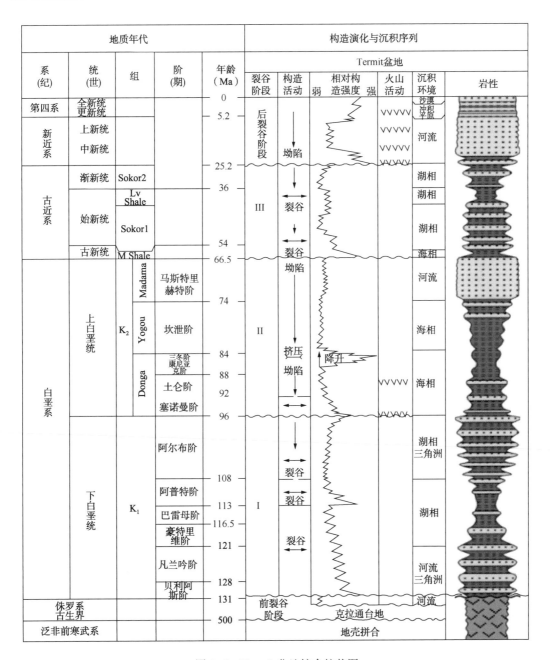

图 1-5 Termit 盆地综合柱状图

1. 基底地层

基底地层为前寒武系—前侏罗系白色—绿灰色含黏土、硅质和钙质的变质粉砂岩。

2. 白垩系

下白垩统以陆相沉积为主，主要岩性为含硅质、高岭石以及部分石英质的纯净砂岩与粉砂岩及少量泥岩互层。

上白垩统自下而上沉积有 Donga 组、Yogou 组和 Madama 组。其中 Donga 组为海相沉积，向上 Yogou 组为海陆过渡相沉积，顶部 Madama 组为厚层陆相砂岩沉积，具体特征如下。

（1）Donga 组底部一般为硅质、高岭土质以及部分石英质的纯净砂岩和部分粉砂岩与少量泥岩互层；中上部以灰—黑色泥岩、页岩为主，夹薄层白色—浅灰色粉砂岩、细砂岩。地层厚度一般为 1100~1500m，平均厚度为 1280m。

（2）Yogou 组中下部以泥页岩为主，为研究区内主要的烃源岩，上部砂岩发育，以细砂岩、中砂岩为主，夹薄层泥岩。地层厚度一般 400~700m，平均厚度 550m，是研究区的含油层系之一。

（3）Madama 组以厚层块状中—粗砂岩及砂砾岩为主，近底部夹暗色泥岩，地层厚度一般为 280~670m，平均厚度为 430m。

3. 古近系

古近系 Sokor 组分为下段 Sokor1（S1）和上段 Sokor2（S2）共两段，各段特征如下。

Sokor1 段：顶部为低速泥岩段，厚度大约为 50~150m，表现出低声波速度的特点；中下部为砂泥岩互层地层，泥岩颜色以浅灰色、灰色、深灰色为主，砂岩以杂色中、细砂岩、粉砂岩为主；地层厚度一般为 300~1000m，平均厚度为 730m。该层系是盆地的主力含油层系。

Sokor2 段：为灰绿色、灰色、深灰色泥岩，夹薄层灰白色细砂岩、极细砂岩，地层厚度一般在 60~830m，平均厚度为 430m。

4. 新近系

新近系属近现代河流相沉积，下部为砂泥岩互层，上部为块状砂岩夹薄层泥岩，地层厚度为 440~1550m，平均厚度为 900m。

四、构造单元划分及构造特征

Termit 盆地是一个在前寒武系变质岩基底上发育起来的中、新生代断陷盆地，经历了白垩纪和古近纪两个时期的断陷-坳陷旋回叠置，纵向上形成两套沉积层序，沉积了巨厚的中、新生代地层。Termit 盆地总体呈 NW-SE 向展布，具有明显的南北分块、东西分带的特征。早白垩世及古近纪两期裂谷的叠置作用使得盆内主要发育走向为 NW-SE 和 NNW-SSE 的两组断裂。该盆地断层根据断层的期次和级次分为两类，一类是早白垩世形成且古近纪继承性活动的控凹断层，主要分布于盆地边界，主要为 NW-SE 走向；另一类是古近纪形成的后期断层，在盆地边界和内部均有发育，主要为 NW—SE 和 NNW—SSE 走向。

　　盆地北部地区包括 Dinga 断阶带、Dinga 凹陷、Araga 地堑和 Soudana 凸起。裂谷 I 期的盆地结构样式以多米诺式半地堑为主，多为西断东超，之后经历了一次大规模的海侵，沉积了一套海相地层。裂谷 II 期，该区大断层继承性发育，并在坳陷西侧派生出现新的大断层，导致在西部形成断阶带，在东部发育 Araga 地堑。南部地区包括 Fana 低凸起、Yogou 斜坡、Moul 凹陷和 Trakes 斜坡（图 1-6）。

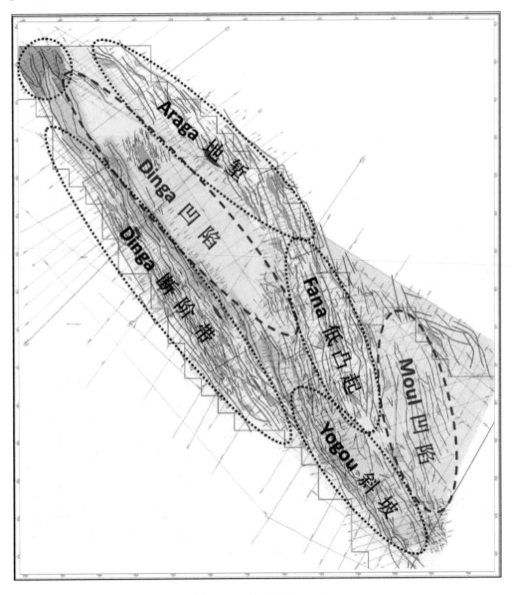

图 1-6　区块构造纲要图

五、储层特征

1. 岩性特征

区块目的层 Yogou 组岩性以灰色、暗色泥岩、泥页岩和灰色、灰白色粉砂岩、细砂岩为主；Sokor1 的 E5 储层以细砂岩为主，中型砂岩和含砾石不等粒砂岩与粗糙的砂砾。上部储层 E4、E3、E2 和 E1 岩性特性逐渐变好。这些层由细砂岩，有些粗糙，中型砂岩和含砾石砂岩。E0 层主要由灰色或浅灰色泥岩与少量砂岩组成。砂岩夹层岩石主要呈白、乳白光，灰色和浅灰色，石英含量高，可达 63%~92%，但长石含量较低。一些粒子没有胶结松散，黏土矿物主要包含绿泥石和高岭石，存在大量粒间孔隙和溶蚀孔隙。

Sokor1 段砂岩颜色总体以白色、乳白色、灰白色和灰色为主，呈现透明—半透明，石英含量高，达到 63%~92%，长石含量低。分选中等—好，颗粒次棱角—次圆状，胶结程度中等—好，以孔隙胶结为主。孔隙类型以粒间孔、溶孔为主(图1-7 至图 1-10)

图 1-7　1636.77m 长石石英粗砂—中砂岩

图 1-8　次生、原生粒间孔及颗粒内溶孔发育

图 1-9　1991.2m. 石英中—细砂岩

图 1-10　1998.64~1998.72m 粒间孔、溶孔

白垩系 Yogou 组储层样品数量少，其岩石类型为石英砂岩，呈次棱角—次圆状，颗粒接触关系为点—线接触，部分可见线接触—凹凸接触，胶结类型为孔隙式胶结。孔隙类型主要有原生孔和粒间溶孔。

油田黏土矿物以高岭石为主，不同地区在各矿物成分和含量上略有不同，其中 Dibeilla 地区在 E4、E5 和 Madama 油组以高岭石为主；在 E3 油组伊/蒙混层，高岭石和绿泥石均发育，高岭石含量占优；DingaDeep 地区 E4 油组以绿泥石为主，含高岭石，E2 以高岭石为主；Gololo 地区黏土矿物主要为高岭石和绿泥石。其形状和产状如图 1-11 和图 1-12 所示。

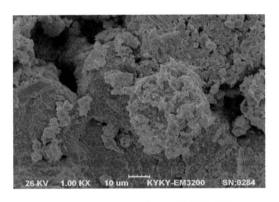 

图 1-11　1412.39m 黏土矿物及粒间孔隙　　　图 1-12　2009.54~2009.63m 绿泥石与高岭石

2. 储层温压特性及孔渗特征

区块储层孔隙压力系数介于 0.93~1.01，为正常孔隙压力；地温梯度介于 (3.23~4.61)℃/100m；储层渗透率介于 146~9555mD；孔隙度介于 20.5%~27.8%；因此综合评价 Agadem 区块各断块油藏属常温常压，中高孔中高渗透储层。

第二章

尼日尔沙漠油田钻完井概况

1962—2006 年，前作业者在 Termit 盆地共钻井 24 口，其中 20 口井位于 Agadem 区块，总进尺 51483m，包括探井 15 口和评价井 5 口，共发现了 6 个断块。20 世纪 80 年代在尼日尔东部的 Termit 盆地获得工业油气流，尼日尔的石油工业拉开序幕。2006 年底中国石油尼日尔钻井项目正式启动，2006—2019 年底中国石油尼日尔项目共钻井 284 口。

第一节　中国石油接管前钻井概况

1962—1964 年，前作业者共计钻井 9 口，全部为干井。

1969—1985 年，前作业者主要借鉴中西非其他盆地勘探经验，钻探井 9 口，评价井 5 口，6 口失利，发现 2 个出油点，1 个重要发现，未能锁定为主力成藏组合。探井成功率 33%。

1985—2006 年，前作业者以区块西侧发育"古近系三角洲前缘砂体"认识为指导，在 Dinga 断阶带发现 Goumeri、Faringa、Karam 油气田、Agadi 油田、Jaouro 和 Gani 六个断块，在此基础上大规模勘探未获突破，探井成功率 45.8%。

根据已收集前作业者的资料显示，前作业者在 2004 年完钻了 3 口探井，其中，Jaouro-1 共发生两次卡钻事故，造成原井眼报废，进行了填井侧钻（表 2-1）。所钻的 3 口井平均井深 2439m，平均完井周期为 56.05 天，单井钻井成本达 868.8 万美元。前作业者综合评价，认为 Agadem 油田钻井周期长，成本高，难度大，无商业发价值。

表 2-1　Petronas 三口探井钻井基本情况

井号	完井时间	井深（m）	钻井周期（d）	完井周期（d）	单井成本（美元）	事故复杂描述
Gani-1	2004-7-20	2435	33.85	40.92	5935490	（1）一开期间钻机故障维修耗时 2.2d；钻进至 1780m 时发生卡钻事故，处理事故耗时 5d；共计耗时 7.2d； （2）因非生产因素（处理事故、设备故障等）导致的费用为 96.8 万美元

续表

井号	完井时间	井深（m）	钻井周期（d）	完井周期（d）	单井成本（美元）	事故复杂描述
Jaouro-1	2004-11-19	2462	69	91.21	14315000	（1）开钻后钻机故障维修耗时 1.1d；钻进至 1930m 时卡钻，解卡失败，从 1260m 侧钻，处理事故耗时 25d；其他等停 7.4d，共计耗时 33.5d；（2）因非生产因素（处理事故、设备故障等）导致的费用为 466.8 万美元
Achigore-1	2005-1-18	2420	31.6	36.02	5845450	（1）开钻后钻机及防喷器故障维修耗时约 5d；（2）故障维修花费约 64.8 万美元

第二节　中国石油接管后钻井概况

尼日尔钻井项目自 2006 年正式启动，勘探区块 Tenere 区块最早于 2006 年开展作业，主要作业区 Agadem 区块于 2008 年正式开展作业，Bilma 区块同于 2008 年启动。三个区块均位于撒哈拉沙漠腹地。

截至 2019 年底尼日尔项目共钻井 284 口，Agadem 完成 264 口，Bilma 完成 12 口，Tenere 完成 8 口。其中探井 149 口，评价井 58 口，开发井 77 口（表 2-2）。动用钻机 7 部，其中 40D 钻机 5 部，50D 钻机 2 部。其中，不同井别 2006—2019 年钻井进尺见表 2-3。

表 2-2　分年度钻井工作量统计

年份	井数			合计
	Agadem	Bilma	Tenere	
2006			1	1
2007			1	1
2008	1			1
2009	22			22
2010	37			37
2011	25	1		26

续表

年份	井数			合计
	Agadem	Bilma	Tenere	
2012	37	2	1	40
2013	41	4	1	46
2014	51	1	2	54
2015	5			5
2016	5	1		6
2017	9			9
2018	3			3
2019	28	4	1	33
合计	264	12	8	284

表 2-3　不同井别分年度钻井进尺

年份	探井		评价井		开发井		累计进尺 ($\times 10^4$ m)
	井数	进尺 ($\times 10^4$ m)	井数	进尺 ($\times 10^4$ m)	井数	进尺 ($\times 10^4$ m)	
2006	1	0.35					0.35
2007	1	0.34					0.34
2008			1	0.325			0.325
2009	15	3.599	6	1.967	1		5.566
2010	21	5.309	6	1.463	10	2.352	9.124
2011	12	2.335	13	2.731	1	0.385	5.451
2012	24	5.838	13	2.765	3	0.736	9.339
2013	37	8.997	6	1.642	4	1.007	11.646
2014	23	6.579	13	2.196	17	3.339	12.114
2015					5	1.103	1.103
2016	6	1.227					1.227
2017	4	0.967			5	1.058	2.025
2018					3	0.733	0.733
2019	5	1.774	0		28	6.53	8.304
合计	147	37.315	58	13.089	77	16.51	67.647

一、钻井技术指标分析

统计 2012—2019 年中国石油完成的 179 口井的钻井技术指标，平均井深 2327m，平均机械钻速 14.00m/h，平均钻井周期 19.34 天，平均搬家周期 12.14 天，平均完井周期 26.16 天，见表 2-4。2019 年 11 月正式启动尼日尔项目二期，动用钻机由之前的 2 部增加到 7 部，其中 4 部钻机动员时间计入搬家周期内，导致 2019 年平均搬家周期有所增加，整体平均建井周期增长。

表 2-4 钻井技术指标统计

年份	钻井数（口）	平均井深（m）	平均机械速（m/h）	搬家周期（d）	平均钻井周期（d）	平均完井周期（d）	平均建井周期（d）
2012	37	2320	10.21	16.4	24.69	32.43	32.4
2013	41	2544	10.47	12.6	24.46	30.54	31.8
2014	51	2354	9.78	12.8	22.9	24.90	30.8
2015	5	2206	16.07	8.3	15.3	24.34	23.2
2016	5	2160	13.89	7.82	16.87	30.60	38.42
2017	9	2250	15.19	12.35	15.94	22.37	33.83
2018	3	2450	16.44	9.93	20.46	20.67	39.97
2019	28	2332	19.92	16.9	14.07	23.43	40.89
总数/平均	179	2327	14.00	12.14	19.34	26.16	33.91

根据 2016—2019 年底 Agadem 油田 45 口井钻井指标分析(图 2-1)，平均单井机械钻速呈逐年递增趋势，与 2016 年相比，2019 年平均单井机械钻速提高 43.41%。平均单井钻井周期整体呈缩减趋势，2016 年平均钻井周期 16.87 天，2019 年缩减为 14.07 天，需要说明 2018 年共完钻三口井，其中 Koulele W-5 井发生卡钻、卡电测仪器事故复杂，累计损失 6.78 天，Sokor-21 井发生电测遇卡事故复杂，累计损失 7.09 天，导致 2018 年单井 NPT 较长。建井周期方面，尼日尔二期开发启动，新启用 4 部钻机并支付动员费用，其准备时间(4 部钻机共 255.42 天)计入钻机动迁时间，导致建井周期较长，Koulele C-6 井发生卡套管事故复杂，割套管后重钻，累计损失 37.86 天，Koulele G-1 井二开划眼划出新井眼，累计损失 11.95 天，同时也导致了 2019 年单井 NPT 较长。

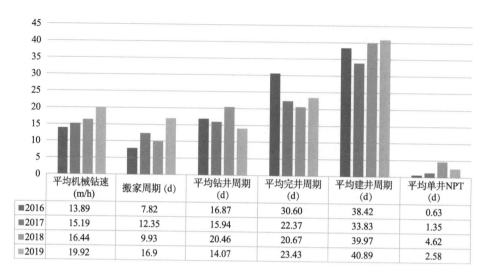

	平均机械钻速 (m/h)	搬家周期 (d)	平均钻井周期 (d)	平均完井周期 (d)	平均建井周期 (d)	平均单井NPT (d)
2016	13.89	7.82	16.87	30.60	38.42	0.63
2017	15.19	12.35	15.94	22.37	33.83	1.35
2018	16.44	9.93	20.46	20.67	39.97	4.62
2019	19.92	16.9	14.07	23.43	40.89	2.58

图 2-1　钻井技术指标分析

二、钻井时效分析

2018—2019 年完钻井时效分析显示，平均钻机搬迁时效高达 24.76%，钻进时效 19.91%，通井划眼时效 16.57%，该三项占据总建井时效的 61.24%。其他方面如固井、辅助工作及非生产时效 NPT 分别占比 9.51%、8.99% 及 5.98%（图 2-2）。

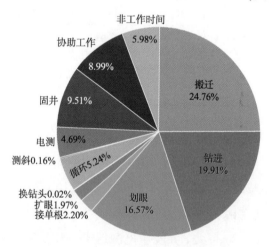

图 2-2　2018—2019 年平均钻井时效

尼日尔地区沙漠运输条件恶劣，且油田位置相对分散，沙漠运输时间长、风险高，造成搬迁周期较长。尼日尔地区砂岩、泥岩地层可钻性高，钻进时效相对较短，但 Sokor Shale、Low velocity shale 砂泥岩地层稳定性较差，坍塌、缩径、掉块等复杂时有发生，钻进中需要频繁通井、划眼以保证井眼质量，造成划眼时效占比较长。但钻井总体事故复杂率低，非生产时间占比不高。

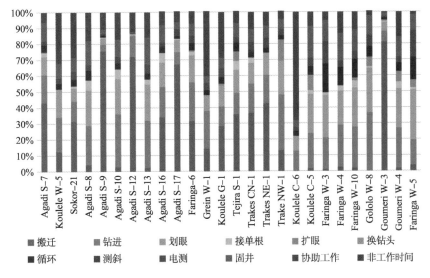

图 2-3　2017—2019 年单井时效统计

第三节　尼日尔沙漠油田钻完井难点

一、井眼缩径

钻井过程中，地层应力的改变及泥页岩水化膨胀的作用，容易引起井壁失稳，造成井眼缩径。井眼缩径导致钻具与井壁之间的环空间隙减小，钻井管柱及工具下入或者起出时的摩擦阻力增加，同时增大了黏附卡套管的风险，严重时将导致套管不能下到设计位置，造成下套管或者工具卡阻，影响钻井时效。尼日尔地区 Sokor shale 及 Low velocity shale 为大段泥岩层，个别区块泥岩塑性强，钻遇该层位后，随着地层应力的释放，井壁发生周期性缩径。

Joauro 区块 Low velocity shale 泥岩井段岩性各向异性强，该井段为塑性较强的软泥岩，易水化膨胀缩径，导致井眼不畅，起钻超拉遇阻。Jaouro-8 井二开钻进至 1607m 后，循环短起至 Low velocity shale 井段多次出现超拉现象，在 1513~1454m 有多点超拉（超拉 7~8t），后在超拉点处上下活动钻具后正常起出。起至 1444m 处及 1418m 处再次出现超拉现象（超拉 8t），活动钻具无效后接顶驱开泵倒划眼解除异常。

Koulele C-14 井二开 ϕ177.8mm 生产套管下至 1418m 遇阻，接循环接头建立循环无钻井液返出，尝试起套管至 1387m 再次建立循环，随后泵入润滑剂至完全起出套管，划眼后重新下入套管，累计损失 88.5h。

Gololo W-7 井二开 ϕ177.8mm 生产套管下至 2421m Sokor Sandy Alternace 井段发生砂

17

桥卡钻复杂情况，开钻井泵建立循环无果，起出套管后通井划眼并重新下入，损失钻井时间116.16h。

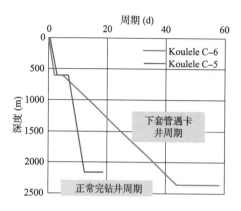

图2-4 Koulele C-6井损失时间与同平台井对比

Koulele C-6井二开φ177.8mm生产套管下至1385m处套管悬重逐渐减小，下至1618.13m时严重遇阻，套管卡死。接顶驱循环无钻井液返出，上提管柱至106t，泵压不降，环空完全堵塞。泵入水泥，形成水泥塞封住卡点以上井段，填井重钻，累计损失908.75h。电测结果显示该井在1285~1320m处的Low velocity shale井段存在缩径现象。另外由于该泥岩段塑性较强，下套管过程中套管接箍不断刮削泥岩，造成泥岩碎屑持续堆积，直至管柱完全阻卡。Koulele C-6井损失时间与同平台对比图如图2-4所示。

二、井壁失稳

实钻过程中发现，Recent砂岩地层下部为砂泥岩互层区、Sokor shale泥岩地层以及Low Velocity Shale泥岩地层岩性存在差异，东部Koulele区块上述大段泥岩地层多呈塑性，西部Sokor、Gololo区块等多为硬脆性。钻遇硬脆性泥岩后，若钻井液密度形成的液柱压力不足以有效支撑井壁，则将发生井壁力学失稳，造成坍塌、掉块、井壁不规则。

Jaoruo-4井所用钻井液密度1.24g/cm³，漏斗黏度49s，pH值为9，失水3.8mL，含砂率0.3%，在钻至井深1353m的Low velocity Shale地层时发生井壁失稳，存在剥落掉块现象(图2-5)。为保证井下安全及完井工作的顺利进行，钻井液密度提高至1.26g/cm³，平衡了井壁坍塌压力，成功预防了井下复杂情况的发生。

尼日尔已钻井二开整体井径呈扩径趋势，部分井井径不规则且扩大率较大，存在"大肚子、糖葫芦"现象。Agadi S-8井、Agadi S-17井、Faringa-6井、Koulele C-5井等井径扩大率达100%以上(图2-6)。

图2-5 Jaouro-4掉块岩屑

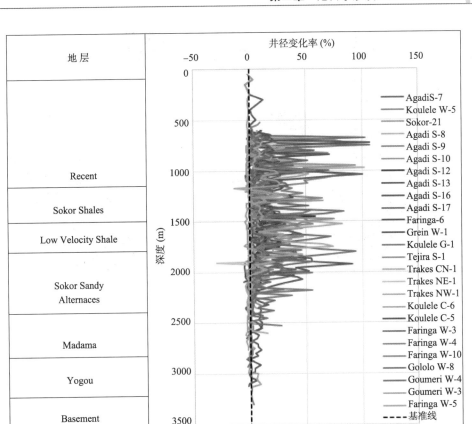

图 2-6 2018—2019 年完钻井井径扩大率

井壁坍塌缩径造成井径不规则严重制约了完井电测作业，导致测定向井一次成功率低。21 口定向井中遇阻遇卡 11 口井，其中穿心打捞 5 口井，PCL 电测 6 口井（2 口井穿心打捞后 PCL）（图 2-7），甚至发生测井仪器断裂落井等事故（图 2-8），如 Koulele C-4 井。

Koulele W-5 井在 Low velocity shale 泥岩段短起钻倒划眼时发生卡钻，采取震击器、爆炸松扣、填井侧钻等解决方案，累计损失钻井失效 267.25h，完井电测（RFT）仪器被卡，损失 44h。

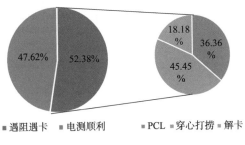

图 2-7 一次电测失败比例

图 2-8　电测仪器断裂

三、井斜

影响井斜的主要因素有地质条件、钻具结构、钻进技术措施、操作技术及设备安装质量等，其中地质条件和钻具下部结构是井斜的主要影响因素。尼日尔项目 2018—2019 年完钻部分井斜情况统计如图 2-9 所示。

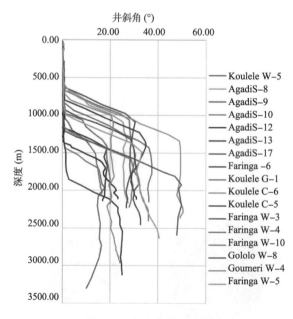

图 2-9　定向井井斜情况

尼日尔项目整体采用三段制井眼轨道设计，增斜至设计井斜后，稳斜穿行 A、B 目标靶点。2018—2019 年完钻井统计显示，实钻过程中在 Koulele 区块及 Faringa 区块稳斜井段有斜井角下降的降斜趋势，Gololo 区块稳斜井段有增斜趋势，Goumeri 区块及 Agadi 区块井斜控制情况相对较好。

已完钻的直井中，Grein W-1 井为探井，在 1400~1800m Donga 层及以下 K_1 地层井斜超过井身质量要求，最大井斜角 8.63°，如图 2-10 所示。

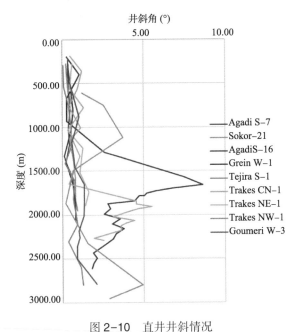

图 2-10　直井井斜情况

四、异常高压活跃气层

Yogou 层砂泥岩互层井段，从上至下含 YSQ3、YSQ2、YSQ1 三个含油气组，该层井壁稳定性相对较好，但 YSQ2 组实钻中过程存在钻遇高压活跃气层现象。

Koulele Deep-1 井为探井，实钻井深 4300m。该井二开 ϕ311.2mm 井眼钻至 3053m Yogou 层时发生气侵(图 2-11)，所用钻井液密度 1.22g/cm³，全烃值 23%，采取边加重边节流循环的方法压井，钻井液密度提至 1.34~1.35g/cm³。期间多次溢流观察和循环排气，钻井液存在轻度漏失；钻井过程中全烃值上升，达到 36.6% 时关井节流循环并压井排气，远程点火时焰高 0.5~1m。关井后液气分离器循环继续压井，钻井液密度提至 1.42g/cm³。该井 Yogou 层气层活跃，钻井液密度不断升高，完钻时钻井液密度 1.45g/cm³。

Donga 地层顶部岩性为泥岩、页岩，生油岩伴生大量异常高压气体。Koulele CS-1 井设计井深 3662m，三开 ϕ215.9mm 井眼钻至 3636.75m Donga 层泥页岩井段发生气侵(图 2-12)，所用钻井液密度 1.36g/cm³，全烃值由正常的 11.39% 迅速上升至 80.89%。节流循环并点火排气(焰高5m，焰长12m)。提高钻井液密度至1.63g/cm³成功压井。

图2-11　Koulele Deep-1井气侵

图2-12　Koulele CS-1井气侵

活跃气层段固井质量较差。由于Yogou储层油气活跃，气窜严重，常规水泥浆体系防窜性能差，导致油层套管固井质量差，固井合格率低(40%)。统计2009—2017年209口井固井质量，合格率78%，优质率32%，现有36口井三开尾管固井合格率40%。Yogou下部层段地层流体活跃，气测值较高，砂岩段长，渗透率高，导致部分含气层固井质量差，现用三开尾管水泥浆体系UCA过渡时间43min，大于30min，气窜量大于50mL，防窜性能较差。

五、环保要求高

钻井液及废弃物的处理面临严峻环保挑战。尼日尔地处撒哈拉沙漠腹地，钻井液排放需满足欧盟环保要求，达到"零污染"，采用常规钻后处理模式，运输、处理费用过高。

第三章

井身结构优化

尼日尔 Termit 盆地地质构造相对复杂，主要发育前寒武系—前侏罗系基底、下白垩统、上白垩统、古近系、新近系和第四系。古近系 Sokor1 组为主力含油层，埋深 2300m 左右。白垩系 Yogou 组为另一含油层系，埋深 3000m 左右。其中古近系顶部低速泥岩段发育大段泥页岩，地层稳定性差，易发生缩径、垮塌。中国石油经过多年的探索研究与实践，不断优化井身结构，形成了 Sokor Sandy Alternance 砂岩油藏二开直井、定向井、丛式井井身结构设计方案，以及 Yogou 储层三开直井、定向井井身结构设计方案，满足了该区块高效勘探开发的需求。

第一节　井身结构演化概况

一、前作业者井身结构

前作业者主要采用井身结构(图 3-1 与图 3-2)，即：20in 表层封隔上部 100m 左右流沙层；13⅜in 技术套管 1 封隔 Recent 层(底深 500~1100m)；9⅝in 技术套管 2 封隔至 Sokor 低速泥岩底(底深 1500~2500m)；7in 套管(尾管)下入 Sokor 砂岩底。

二、中国石油进入后井身结构

参照前作业者井身结构设计，尼日尔项目公司 2008 年在 Agadem 区块开钻的第一口评价井 Goumeri-2 井同样采取四开井身结构设计。后经过对该井实钻地层资料、地层压力系数、地层压力梯度等的分析研究，决定后期进行套管层次简化试验，减少一层至两层套管，提高钻井速度，缩短建井周期，节约钻井成本。

2009 年经过 Goumeri-3、Goumeri-7、Goumeri-8、Gololo-2、Gololo SE-1 等井的实践探索，成功实现了由四开结构简化到三开结构，最后简化为二开完井的井身结构方案(图 3-3)，为整个区块推广应用简化井身结构方案奠定了基础。

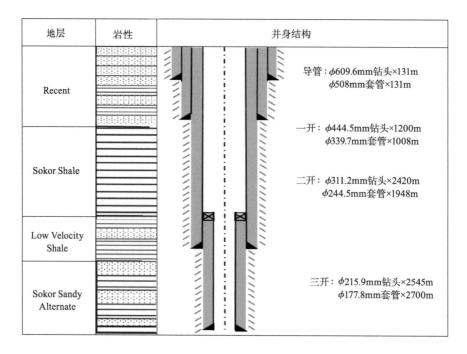

图 3-1　前作业者 Goumeri-1 完井井身结构

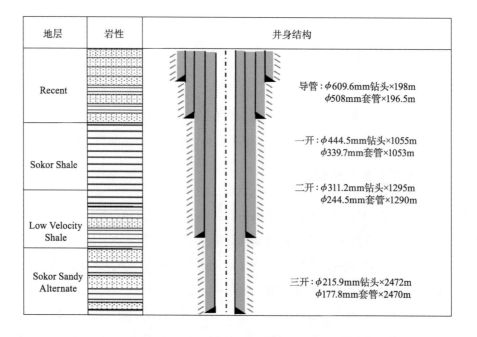

图 3-2　前作业者 Sokor-1 完井井身结构

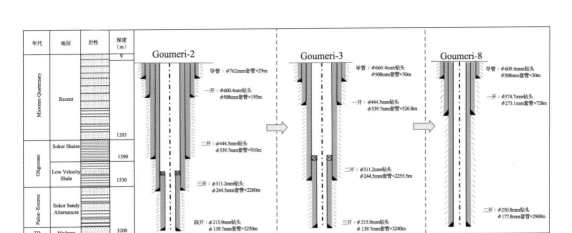

图 3-3 Goumeri 区块井身结构优化探索

以尼日尔项目主要开发区块 Agadi 油田为例,其目的层位为 Sokor Sandy Alternace 地层,目的层平均埋深约 2200m。经套管程序简化,采用二开井身结构。表层套管坐封 Recent 地层中部稳定泥岩层,封固上部松散砂层,下深不小于 500~600m,以提高地层的承压能力,满足为下一开次钻开油气层前提供安全条件,同时考虑定向需求,满足造斜点以上有 30~50m 的空间调整井斜及摆放定向钻具。

根据采油、完井及后期可能的改造措施要求,5½in 和 7in 的生产套管均可满足要求。考虑井眼与套管级配关系、节约成本,采用如下井身结构:导管(17½in 钻头×13⅜in 套管)+表层(12½in 钻头×9⅝in 套管)+生产套管(8½in 钻头×5½in 或 7in 套管)的层序结构。对于 8½in 井眼下 7in 套管配合其固井水泥环理论最小值也达到了 19mm,由于钻井过程中井径存在扩大现象,因此只要保证 8½in 井眼下 7in 套管的固井质量,其强度可以满足油井长期开采的要求。表层套管水泥返至地面,生产套管水泥返深至目的层顶部以上 300m。

中国石油在 Agadem 区块已形成了一套成熟的井身结构优化方案,即 Goumeri、Faringa、Gololo、Agadi、Sokor、Dougoule、Dinga、Karam、Imari、Dibeilla 等构造,主探 Sokor Sandy 层,钻揭 Madama 顶部地层的所有直井(探井、评价井、开发井)按二开(14¾in×9⅞in)结构设计(图 3-4)。钻探 Yougou 和 Donga 地层的井,若井深低于 2800m,按二开(14¾in×9⅞in)结构设计,若井深超过 2800m 则按三开(17½in×12¼in×8½in)井身结构设计(图 3-5)。其套管封层原则:三开井 13⅜in 表层套管 200~500m,进入 Yougou 层位顶 50m 左右中完,5½in 尾管悬挂完井。中国石油井身结构方案见表 3-1。

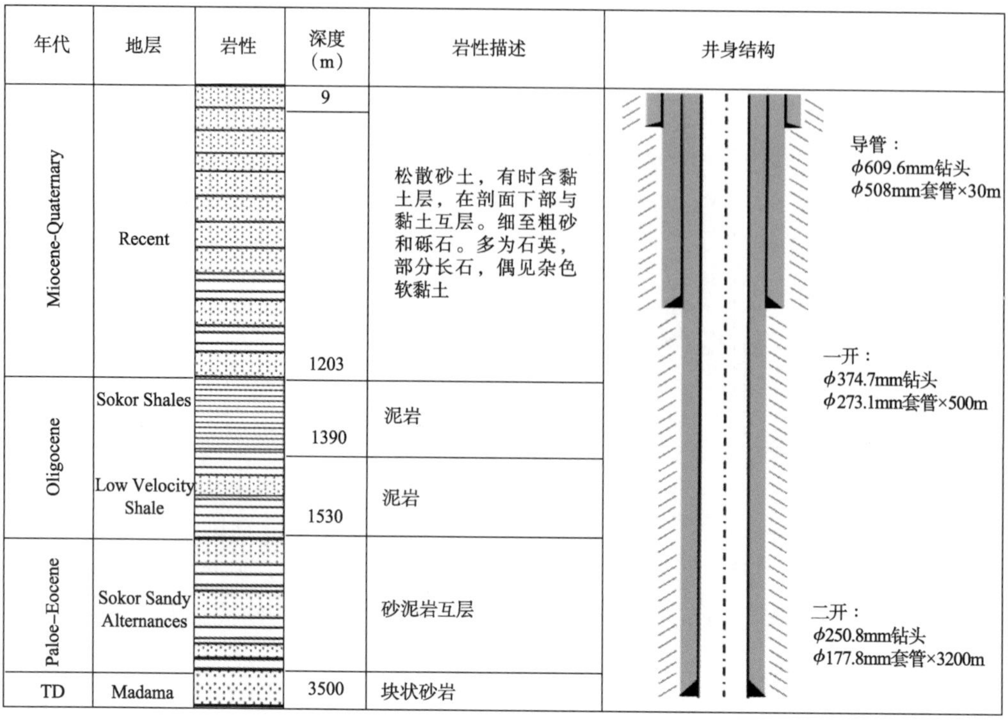

年代	地层	岩性	深度(m)	岩性描述	井身结构
Miocene-Quaternary	Recent		9 / 1203	松散砂土,有时含黏土层,在剖面下部与黏土互层。细至粗砂和砾石。多为石英,部分长石,偶见杂色软黏土	导管:ϕ609.6mm钻头 ϕ508mm套管×30m 一开:ϕ374.7mm钻头 ϕ273.1mm套管×500m 二开:ϕ250.8mm钻头 ϕ177.8mm套管×3200m
Oligocene	Sokor Shales		1390	泥岩	
Oligocene	Low Velocity Shale		1530	泥岩	
Paloe-Eocene	Sokor Sandy Alternances			砂泥岩互层	
TD	Madama		3500	块状砂岩	

图 3-4　优化后的二开井

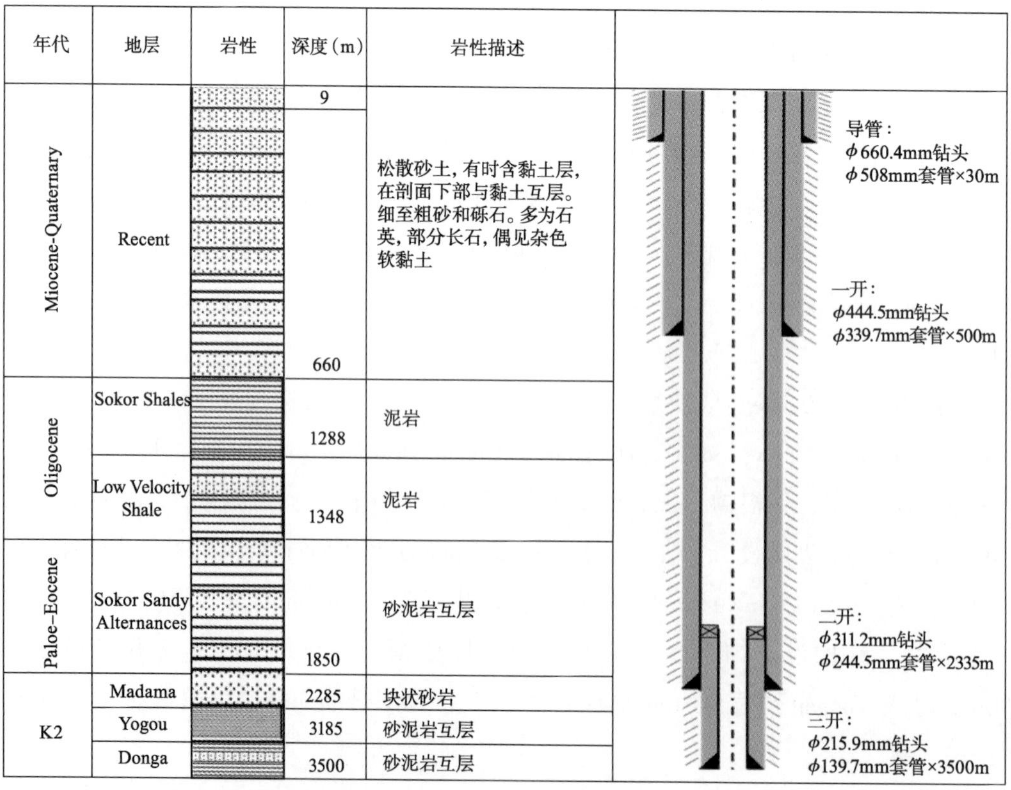

年代	地层	岩性	深度(m)	岩性描述	井身结构
Miocene-Quaternary	Recent		9 / 660	松散砂土,有时含黏土层,在剖面下部与黏土互层。细至粗砂和砾石。多为石英,部分长石,偶见杂色软黏土	导管:ϕ660.4mm钻头 ϕ508mm套管×30m 一开:ϕ444.5mm钻头 ϕ339.7mm套管×500m 二开:ϕ311.2mm钻头 ϕ244.5mm套管×2335m 三开:ϕ215.9mm钻头 ϕ139.7mm套管×3500m
Oligocene	Sokor Shales		1288	泥岩	
Oligocene	Low Velocity Shale		1348	泥岩	
Paloe-Eocene	Sokor Sandy Alternances		1850	砂泥岩互层	
K2	Madama		2285	块状砂岩	
K2	Yogou		3185	砂泥岩互层	
K2	Donga		3500	砂泥岩互层	

图 3-5　优化后的三开井身结构设计

表 3-1 CNPC 井身结构

方案	开钻次序	井眼尺寸（mm）	套管尺寸（mm）	套管下入深度（m）	备注
三开井 直井/定向井	导管	609.6	508	30	避免地表土层的污染
	一开	444.5	339.7	600	一开完井封住胶结疏松的表层，进入稳定泥岩层，固井水泥返至地面
	二开	311.2	244.5	2300	坐封 Madama 砂岩顶层，为钻开下储层创造条件
	三开	215.9	139.7	TD	一开完井封住胶结疏松的表层，进入稳定泥岩层，固井水泥返至地面
二开 直井	导管	444.5	339.7	30	避免地表土层的污染
	一开	374.6	273.1	600	一开完井封住胶结疏松的表层，进入稳定泥岩层，固井水泥返至地面
	二开	250.8	177.8	TD	套管射孔完井，水泥返至油层以上 500m
二开定向井 （考虑消耗 250.8mm 钻头）	导管	609.6	508	30	避免地表土层的污染
	一开	444.5	339.7	600	一开完井封住胶结疏松的表层，进入稳定泥岩层，固井水泥返至地面
	二开	250.8	177.8	TD	套管射孔完井，水泥返至油层以上 500m
二开 定向井	导管	609.6	508	30	避免地表土层的污染
	一开	374.7	273.1	600	一开完井封住胶结疏松的表层，进入稳定泥岩层，固井水泥返至地面
	二开	215.9	177.8	TD	套管射孔完井，水泥返至油层以上 500m

第二节 地层岩性与压力特征

一、地层岩性特征

根据地层的复杂程度以及钻井液要求的难易程度将 Agadem 区块分为 3 大部分：第一部分是 Sokor、Gani 油田；第二部分是 Agadi、Faringa、Goumeri、Dougoule 和 Jaouro 油田；第三部分是 Karam 油田，包括 Mdaman、Imari 油田。其中第一部分油田地质最为复杂，钻井液服务难度最大，要求最高钻井液密度在 $1.25\sim1.30g/cm^3$；第二部分油田相对容易，地质较为复杂，要求最高钻井液密度在 $1.22\sim1.25g/cm^3$，在这些油田中，又以 Dougoule 区块和 Agadi 区块较为复杂，其复杂程度仅次于 Sokor 区块。整体上呈现"北易、中平、南难"的特点。

Agadem 地区钻遇地层及岩性特征描述见表 3-2，目的层主要是 Sokor 砂岩互层。

表 3-2　钻遇地层岩性描述

年代	地层划分	岩性特征
中新世—第四纪	Recent	以纯沙为主，未固结砂岩，下部含黏土夹层、粗砂和砾岩、中粗细砂岩，含大量石英、部分长石的杂色软黏土。中粗粒状砂岩夹层，棕色(暗黄色)页岩和灰色页岩
渐新世	Sokor 泥页岩	泥岩及成岩性差的软泥岩、黏土岩、砂岩页岩夹层，胶结差
	Sokor 低速泥岩	砂岩黏土互层
始新世	Sokor 砂岩互层	互层砂岩和黏土岩、软泥岩
底层	Madama	巨厚砂岩

Agadem 油田自上而下钻遇 Recent 泥岩、Sokor 泥岩、Sokor 低速泥岩、Sokor 砂泥岩互层，目的层为 Sokor 砂泥岩互层。上部地层 Sokor 泥岩层主要以泥岩及成岩性差的软泥岩、黏土岩、砂岩页岩夹层为主，胶结差。Sokor 低速泥岩层主要以砂岩黏土互层为主。

二、地层压力特征

利用 Faringa W-1、Gololo-1、Dibeilla-1、Imari E-1、Yogou W-1 井测井资料，实钻井史资料建立了 5 个油藏井区和 1 个气藏井区直井 3 项压力剖面。根据地层三压力预测结果(表 3-3)，推荐直井 Sokor Sandy Alternaces 及上部地层钻井液密度最大为 $1.25g/cm^3$，Yogou 上部及 Madama 地层钻井液密度最大为 $1.28g/cm^3$，Yogou 下部地层最大密度为 $1.37g/cm^3$，三开钻井液最大密度为 $1.20g/cm^3$。

表 3-3　直井地层三压力预测结果表

地　层	孔隙压力(g/cm^3)	坍塌压力(g/cm^3)	破裂压力(g/cm^3)
Sokor Shales	0.97~1.04	1.05~1.18	>1.70
Low velocity Shale	1.10~1.20	1.10~1.25	>1.77
E1-Sokor Sandy Alternaces	0.90~1.05	1.10~1.20	>1.82
E2-Sokor Sandy Alternaces	0.95~1.05	1.08~1.20	>1.82

续表

地 层	孔隙压力（g/cm³）	坍塌压力（g/cm³）	破裂压力（g/cm³）
E3-Sokor Sandy Alternaces	0.95~1.03	0.95~1.12	>1.90
E4-Sokor Sandy Alternaces	0.95~1.04	0.95~1.18	>1.90
E5-Sokor Sandy Alternaces	0.95~1.04	0.95~1.18	>1.90
Madama	0.97~1.03	0.98~1.16	>1.92
Yogou	0.99~1.30	1.26~1.45	>1.95

第三节 井身结构方案与推广应用

一、Agadem 区块井身结构方案

1. 二开直井及定向井井身结构方案

针对 Agadem 区块各开发油田，其主要目的层为 Sokor Sandy Alternance 砂泥岩储层，地层埋深通常 2200m 左右。一般主要采用二开井身结构，各套管层次具体作风原则如下。

导管：建立井口钻井液循环，隔离地表软土以及流沙，保护井口安全，防止污染地面环境，为安装套管头做支撑。

表层套管：封固胶结疏松地层，对于浅造斜的定向井，还要兼顾封固造斜终点，防止上部井眼井漏、垮塌，利于下部井眼的安全快速钻井；安装井口装置，为井口压力控制提供条件，固井水泥返至地面。

生产套管：按要求下至设计井深；固井水泥浆油井返至目的层以上 500m，气井至上层套管鞋以上 100~150m。

具体井身结构设计数据见表 3-4 及图 3-6 与图 3-7。

表 3-4 直井及定向井井身结构设计数据表

开钻次序	井深(m)	钻头尺寸（mm）	套管尺寸（mm）	套管下入深度（m）	套管下入地层层位	环空水泥浆返高(m)
导管	30	609.6/444.5	508/406	30	Recent	地面
一开	501~801	444.5/374.6	339.7/273.1	500~800	Recent	地面

续表

开钻次序	井深(m)	钻头尺寸(mm)	套管尺寸(mm)	套管下入深度(m)	套管下入地层层位	环空水泥浆返高(m)
二开	TD	250.8/215.9	177.8	TD-4	Sokor(S1)/Yogou	油井：目的层以上500m； 气井：上层套管鞋以上100~150m

注：（1）表层套管下深要根据岩屑录井情况在合理范围内调整，保证套管鞋座入泥岩段地层。

（2）适于配产不超过300bbl且不出砂的井。

（3）口新钻回注井采用与 φ139.7mm 生产套管相匹配的套管层序，其他井采用与 φ177.8mm 生产套管相匹配的套管层序。

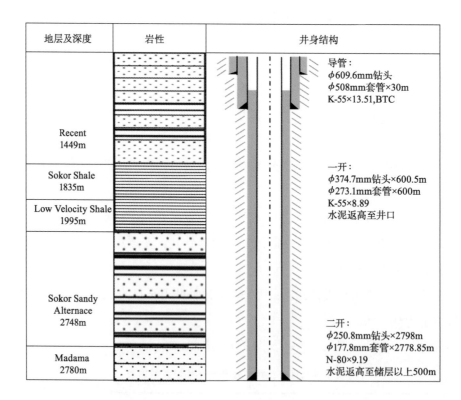

图 3-6 二开直井井身结构

2. Yogou 下部地层三开井身结构方案

针对 Yogou 下部地层，Yogou 层含活跃气层，地层埋深在 3000m 左右，采用三开井身结构设计。

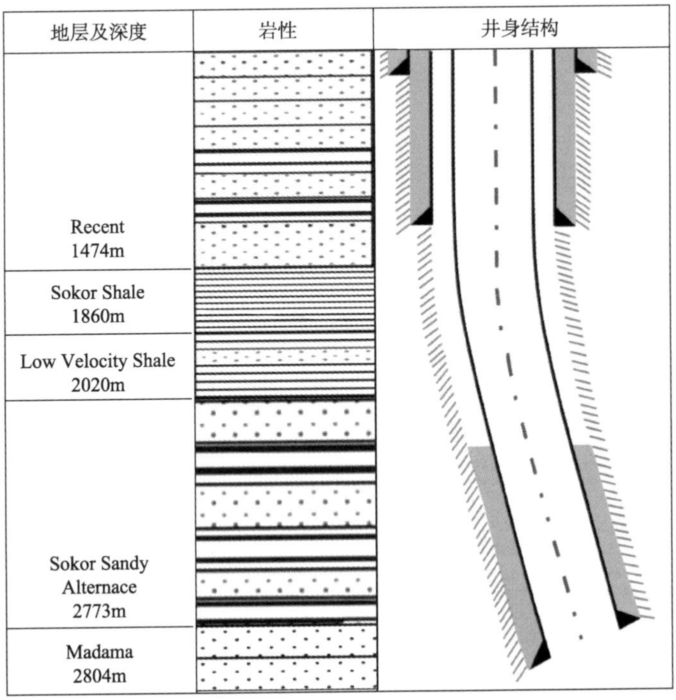

图 3-7 二开定向井井身结构

导管：建立井口钻井液循环，隔离地表软土及流沙，保护井口安全，防止污染地面环境，为安装套管头做支撑。

表层套管：封固胶结疏松地层，防止上部井眼井漏及垮塌，以利于下部井眼的安全快速钻井；安装井口装置，为井口控制提供条件，固井水泥返至地面。

生产套管：封固 Madama 砂岩层及上部地层，为下 Yogou 异常高压地层钻进提供可靠井眼环境条件，水泥浆返高至含油气层以上 500m（垂深）且满足大于生产套管中和点。

生产尾管：按要求下入至设计井深。

具体井身结构设计数据见表 3-5 及图 3-8 与图 3-9。

表 3-5 Yogou 组下部地层三开井井身结构数据表

开钻次序	井深（m）	钻头尺寸（mm）	套管尺寸（mm）	套管下入深度（m）	套管下入地层层位	环空水泥浆返高（m）
导管	30	609.6	508	30	Recent	地面
一开	701~801	444.5	339.7	700~800	Recent	地面
二开	2804~3004	311.1	244.5	2800~3000	Madama	1500~2000
三开	3404	215.9	139.7	2650~3400	Sokor(S1)	悬挂器

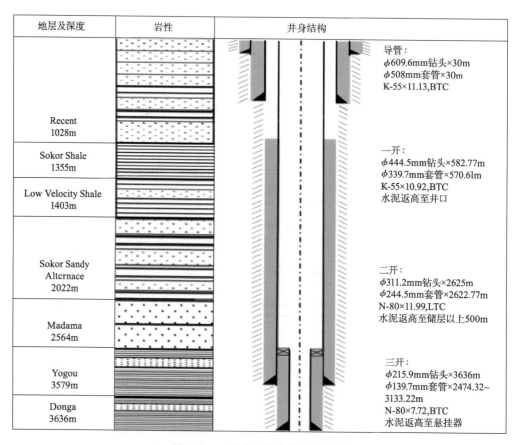

地层及深度	岩性	井身结构
Recent 1028m		导管： φ609.6mm钻头×30m φ508mm套管×30m K-55×11.13,BTC
Sokor Shale 1355m		一开： φ444.5mm钻头×582.77m φ339.7mm套管×570.61m K-55×10.92,BTC 水泥返高至井口
Low Velocity Shale 1403m		
Sokor Sandy Altcrnace 2022m		二开： φ311.2mm钻头×2625m φ244.5mm套管×2622.77m N-80×11.99,LTC 水泥返高至储层以上500m
Madama 2564m		
Yogou 3579m		三开： φ215.9mm钻头×3636m φ139.7mm套管×2474.32～ 3133.22m N-80×7.72,BTC 水泥返高至悬挂器
Donga 3636m		

图 3-8 三开直井井身结构示意图

地层及深度	岩性	井身结构
Recent 1030m		
Sokor Shale1266m		
Low Velocity Shale 1350m		
Sokor Sandy Alternaces 2068m		
Madama 2748m		
Yogou 3317m		

图 3-9 三开定向井井身结构示意图

3. 套管选型

1）套管选型强度校核原则

套管校核过程中采用的安全系数：抗挤安全系数 1.125，抗内压 1.125，抗拉 1.80。

直井及定向井一开钻井液密度采用 1.10g/cm³，二开钻井液密度采用 1.28g/cm³，三开钻井液密度采用 1.45g/cm³，表层套管、技术套管抗内压、抗外挤强度按部分掏空计算；抗拉强度按照套管在空气中的重量计算；生产套管抗内压、抗外挤强度按套管内全掏空计算；抗拉强度按照套管在空气中的重量计算。

依据井身结构方案，二开井表层套管按照 500m 和 700m，二开生产套管按照垂深2000m、2500m、2800m、3000m 四个不同深度进行计算；三开井表层套管按照 500m 和700m，生产套管按照 3000m，尾管按照 3400m 深度进行套管选型。

2）套管选型方案

分别对二开井、三开井套管选型及强度校核。

（1）二开直井及定向井。

① 大尺寸套管系列。

导管：外径 406mm、钢级 J-55、壁厚 11.13mm、短圆形螺纹的套管。

表层套管：外径 273.1mm、钢级 J-55、壁厚 8.89mm、偏梯形螺纹套管。

生产套管选型：从强度校核来看，井深≤2800m 时，选择 φ177.8mm、N-80 钢、壁厚 9.19mm、LTC 的套管；井深超过 2800m 时，采用组合套管，表层套管内及 2800m 以下 P-110、壁厚 9.19mm、LTC 套管，其他段采用 N-80 钢、壁厚 9.19mm、LTC 套管即可满足强度要求。由于部分区块可能出砂，提高抗外挤能力有利于防套损，同时考虑缩减套管种类，降低物资采购压力，生产套管统一为 P-110 钢级、外径 177.8mm、壁厚 9.19mm、长圆螺纹套管。

② 小尺寸套管系列。

导管：外径 339.7mm、钢级 J-55、壁厚 9.65mm、偏梯形螺纹套管。

表层套管：外径 244.5mm、钢级 J-55、壁厚 8.94mm、长圆螺纹套管。

生产套管选型：从强度校核来看，采用 φ139.7mm、N-80 或 P-110 钢级、壁厚7.72mm、LTC 的套管均可满足强度要求，但是 N-80 抗拉强度余量不大。为保证安全、利于防套损及降低物资采购压力，生产套管选型统一为钢级 P-110、外径 139.7mm、壁厚 7.72mm、长圆螺纹套管。

（2）三开井。

导管：外径 508mm、钢级 J-55、壁厚 11.13mm、短圆螺纹套管。

表层套管：钢级 J-55、壁厚 9.65mm、梯形螺纹套管。

生产套管：钢级 P110、壁厚 11.05mm、长圆螺纹套管。

生产尾管：钢级 P110、壁厚 9.17mm、长圆螺纹套管。

二、Bilma 区块井身结构方案

Bimla 区块位于尼日尔东北部，Tenere 区块（坳陷）和 Agadem 区块（Termit 盆地）以东，包括南部的 Termit 东台地、Trakes 斜坡和北部的 Grein 坳陷。Termit 东台地、Trakes 斜坡构造上属于 Termit 裂谷盆地，Grein 坳陷为独立的中生界残留盆地。中国石油于 2003 年 11 月获得该区块的勘探许可，目前处于第三勘探期延长期，是中国石油在西非重要的风险勘探区块之一。

2008—2019 年，中国石油在 Bilma 区块已钻井 12 口，关停井 12 口；其中直井数量 8 口，定向井数量 4 口，最深直井井深 3125m，最深定向井井深 3338m。通常选择三开直井，井身结构如图 3-10 所示。

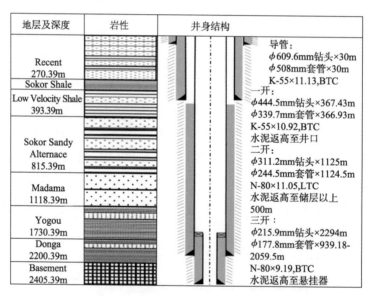

图 3-10　Bilma 区块三开直井井身结构示意图

三、Tenere 区块井身结构方案

Tenere 区块处于第三勘探期，区块包括北部的 Soudana 转化带和南部的 Termit 西台地，其中 Soudana 转化带构造上位于 Termit 盆地 Dinga 凹陷与 Tenere 坳陷之间的过渡地区，但整体构造属于 Dinga 凹陷向北延伸部分。中国石油于 2003 年 11 月获得该区块的勘探许可。

2006—2019 年，中国石油在 Tenere 区块已钻井 8 口，8 口井全部地质弃井，直井数量 8 口，关停井数量 8 口，最深直井井深 4000m。井身结构主要为三开结构，如图 3-11 所示。

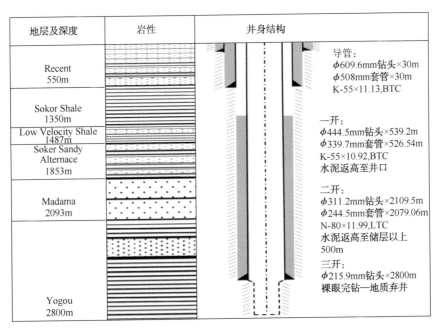

地层及深度	岩性	井身结构

图 3-11 Tenere 区块三开直井井身结构示意图

导管：
φ609.6mm钻头×30m
φ508mm套管×30m
K-55×11.13,BTC

一开：
φ444.5mm钻头×539.2m
φ339.7mm套管×526.54m
K-55×10.92,BTC
水泥返高至井口

二开：
φ311.2mm钻头×2109.5m
φ244.5mm套管×2079.06m
N-80×11.99,LTC
水泥返高至储层以上
500m

三开：
φ215.9mm钻头×2800m
裸眼完钻—地质弃井

地层及深度：
Recent 550m
Sokor Shale 1350m
Low Velocity Shale 1487m
Soker Sandy Alternace 1853m
Madama 2093m
Yogou 2800m

第四章

钻井液技术

尼日尔地区钻井主要采用二开和三开井身结构，一开采用膨润土浆（PHB 膨润土浆）钻井液体系。二开井段上部钻遇大段泥页岩地层，井壁稳定性差，该泥页岩层多发生坍塌、掉块与缩径，且区块性差异大，是尼日尔项目钻井的主要难点。二开井段下部钻遇大段砂泥岩互层储层，且与上部井壁失稳泥页岩地层为同一裸眼井段，对钻井液密度的设计提出了挑战。项目启动后二开井段主体采用氯化钾聚合物体系，在钻遇上部泥页岩层时加入硅酸盐成分，以提高钻井液的抑制性。三开井段钻遇大段砂层，含活跃气高压气层，主要采用氯化钾聚合物体系。2019 年，尼日尔项目开始胺基钻井液体系的现场应用，目的是进一步提高二开上部井段泥页岩层井壁稳定性。

第一节　钻井液技术难点

一、地质分层及地层特性

Agadem 油田自上而下钻遇 Recent 泥岩、Sokor 泥岩、Sokor 低速泥岩、Sokor 砂泥岩互层，目的层为 Sokor 砂泥岩互层。上部地层 Sokor 泥岩层主要以泥岩及成岩性差的软泥岩、黏土岩、砂岩页岩夹层为主，胶结差，Sokor 低速泥岩层主要以砂岩黏土互层为主（表 4-1）。

表 4-1　地层岩性特征

地质年代	地层划分	岩性特征
中新世— 第四系	Recent	以纯砂为主，未固结砂岩，下部含黏土夹层、粗砂和砾岩、中粗细砂岩，含大量石英、部分长石的杂色软黏土。中粗粒状砂岩夹层，棕色（暗黄色）页岩和灰色页岩

地质年代	地层划分	岩性特征
渐新世	Sokor 泥页岩	泥岩及成岩性差的软泥岩、黏土岩、砂岩页岩夹层，胶结差
	Sokor 低速泥岩	砂岩黏土互层
始新世	Sokor 砂岩互层	互层砂岩和黏土岩、软泥岩
底层	Madama	巨厚砂岩

钻探发现，Sokor 泥岩和 Sokor 低速泥岩地层井壁失稳严重，缩径、坍塌问题突出，如 Kaola-1D 井二开扩大井眼占该开次的 90%，起下钻遇卡，掉块卡钻、下套管下不到底的复杂情况在该区块频繁发生。Sokor 泥岩、Sokor 低速泥岩地层的井壁失稳缩径、坍塌问题是 Agadem 油田的井壁失稳的主要表征。对典型区块 Gololo W-1 地层 Sokor 低速泥岩的泥页岩进行理化性能分析，其组成大致是：伊/蒙混层占 53%，高岭石占 44%，伊利石占 3%；在伊/蒙混层中，伊利石占 60%，蒙皂石占 21.2%，而且存在于伊/蒙混层的泥岩中，这种岩性组分决定了该地区的地层不容易分散，造浆性能不强，容易膨胀。当钻井液密度不能平衡坍塌压力时，硬脆性泥页岩地层表现为掉块、坍塌，软泥岩地层表现为缩径，即表现为 Sokor 泥岩地层井壁的掉块、坍塌，Sokor 低速泥岩地层井壁的坍塌、缩径。

二、井壁失稳机理

1. 事故层段

根据现有资料，事故发生层段大多为 Sokor 泥页岩、Sokor 低速泥岩及砂岩和黏土互层，黏土层上部为软泥岩，下部地层的黏土层是硬脆性泥岩，上部地层容易引起缩径，下部地层容易发生剥落掉块。而且地层胶结程度较差，稳定性差，若钻井液液柱压力不足而不能保持地层稳定性，就会容易引起地层坍塌等复杂事故的发生。

总之，Sokor 泥岩、Sokor 低速泥岩以及砂岩黏土互层井段是发生复杂事故的主要井段，软泥岩地层的存在是发生地层缩径及泥包钻具的主要原因。

2. 钻井液密度影响

根据测井资料等来分析得出岩石强度参数，进一步根据三压力模型计算出三压力剖面。各井压力分布总结见表 4-2。

从表 4-2 中可以看出复杂井所用的钻井液密度普遍比坍塌压力低，这就导致了力学上的不稳定。在钻井过程中容易出现由于液柱压力不能平衡井壁稳定压力，从而导致疏松泥页岩砂岩的坍塌及缩径等复杂问题发生。

表4-2 各井各层压力分布数据

井 号	层位	钻井液密度 （g/cm³）	地层压力 （g/cm³）	坍塌压力 （g/cm³）	破裂压力 （g/cm³）
Admer-1	Sokor 泥岩	1.15（事故）	0.98~1.08	1.05~1.32	1.80~2.15
	Sokor 低速泥岩	1.22	0.99~1.06	1.04~1.31	1.80~2.15
	Sokor 砂岩互层	1.22	0.97~1.05	0.80~1.21	1.63~2.10
Agadi S-1	Recent	1.20（事故）	0.96~1.02	0.80~1.32	1.80~2.28
	Sokor 泥岩	1.20~1.22（事故）	0.96~1.03	0.80~1.32	1.62~2.20
	Sokor 低速泥岩	1.22	0.96~1.04	0.80~1.20	1.60~2.20
Agadi E-1	Sokor 低速泥岩	1.22~1.23（事故）	0.97~1.03	1.00~1.30	1.88~2.21
	Sokor 砂岩互层	1.23~1.24	0.98~1.03	0.80~1.24	1.63~2.20
Dibeilla-1	Sokor 低速泥岩	1.19	0.95~1.00	1.08~1.20	2.30~2.40
	Sokor 砂岩互层	1.19~1.22（事故）	0.93~1.05	0.80~1.30	1.85~2.40
Dibeilla N-1	Sokor 泥岩	1.20（事故）	0.99~1.05	0.85~1.37	2.15~2.38
	Sokor 低速泥岩	1.20	0.97~1.06	0.85~1.30	2.10~2.30
	Sokor 砂岩互层	1.20	0.96~1.05	0.80~1.20	2.10~2.20
Dibeilla W-1	Sokor 泥岩	1.15（事故）	0.95~1.05	0.80~1.30	2.10~2.30
	Sokor 低速泥岩	1.20	0.95~1.00	0.80~1.20	2.10~2.40
	Sokor 砂岩互层	1.20	0.95~1.03	0.80~1.20	1.90~2.20
Dougoule-1	Recent	1.10~1.15（事故）	0.94~1.05	0.80~1.23	1.80~2.05
	Sokor 泥岩	1.15（事故）	0.94~1.03	0.80~1.25	1.80~2.05
	Sokor 低速泥岩	1.15（事故）	1.00~1.03	0.80~1.20	1.64~1.90
	Sokor 砂岩互层	1.19	0.96~1.02	0.80~1.18	1.60~1.80
Dougoule-2	Recent	1.18	1.00~1.04	0.80~1.17	1.90~2.00
	Sokor 泥岩	1.18（事故）	0.98~1.03	0.85~1.28	1.85~2.05
	Sokor 低速泥岩	1.18~1.20（事故）	0.98~1.02	0.90~1.28	1.80~2.00
	Sokor 砂岩互层	1.20	0.96~1.03	0.80~1.25	1.70~2.00
Dougoule E-1	Sokor 泥岩	1.18~1.22（事故）	0.98~1.04	0.80~1.30	1.90~2.25
	Sokor 低速泥岩	1.22（事故）	0.98~1.02	0.80~1.30	1.80~2.26
	Sokor 砂岩互层	1.22	0.96~1.03	0.80~1.20	1.70~2.20
Faringa W-1	Sokor 泥岩	1.18	0.93~1.04	0.95~1.17	1.90~2.10
	Sokor 低速泥岩	1.18	0.97~1.02	0.85~1.13	1.85~1.95
	Sokor 砂岩互层	1.18	0.98~1.02	0.80~1.16	1.84~1.95

续表

井　号	层位	钻井液密度 （g/cm³）	地层压力 （g/cm³）	坍塌压力 （g/cm³）	破裂压力 （g/cm³）
Faringa W-2	Sokor 泥岩	1.22~1.24	0.96~1.06	0.90~1.27	1.82~2.10
	Sokor 低速泥岩	1.22~1.24	0.97~1.05	0.90~1.26	1.81~2.07
	Sokor 砂岩互层	1.24	0.96~1.06	0.94~1.25	1.80~2.00
Gololo-1	Sokor 砂岩互层	1.20~1.21	0.94~1.04	0.94~1.20	1.70~2.10
Gololo SE-1	Sokor 泥岩	1.12~1.15	0.98~1.04	1.08~1.16	1.80~2.10
	Sokor 低速泥岩	1.15	0.94~1.04	1.10~1.15	1.80~2.10
	Sokor 砂岩互层	1.18	0.92~1.03	0.90~1.15	1.70~1.85
Gololo W-1	Sokor 砂岩互层	1.22~1.25	0.92~1.03	1.00~1.22	1.80~2.10

对于钻进比较顺利的井，所使用钻井液密度高于或接近于坍塌压力。

通过汇总表4-3单井的三压力剖面，可以得 Agadem 区块各层三压力分布。

表4-3　Agadem 区块三压力分布情况

井 号	层位	钻井液密度 （g/cm³）	地层压力 （g/cm³）	坍塌压力 （g/cm³）	破裂压力 （g/cm³）
Agadem 区块	Recent	1.04~1.21	0.94~1.05	0.80~1.32	1.80~2.28
	Sokor 泥岩	1.08~1.25	0.94~1.08	0.80~1.37	1.62~2.25
	Sokor 低速泥岩	1.15~1.25	0.94~1.06	0.80~1.31	1.60~2.40
	Sokor 砂岩互层	1.15~1.25	0.92~1.06	0.80~1.30	1.62~2.40

很明显，现场所用钻井液密度最高为 1.25g/cm³（甲方限制最高钻井液密度在 1.25g/cm³），而坍塌压力基本都在 1.30g/cm³ 以上，Sokor 层位坍塌压力最高达到 1.37g/cm³，因此由于钻井密度偏低，从而导致井壁坍塌、缩径等复杂事故发生。如果提高钻井液密度，将会改善井下复杂情况。

Agadem 地区钻井速度很快，但存在坍塌掉块、缩径等问题。特别是在二开井段，由于甲方限制最高钻井液密度（1.20~1.25g/cm³），给解决井壁稳定及缩径问题制造了很大障碍。最初钻井中所使用钻井液密度较低，不能够平衡井壁地层压力，致使坍塌、缩径等复杂事故发生。现场应用中，当将钻井液密度提高后，能够很好地避免复杂事故发生，说明现场初始应用钻井液密度偏低，从而导致坍塌掉块、缩径等问题。钻井液侵入地层导致地层内聚力降低，坍塌压力升高，钻井液液柱压力不足致使坍塌。

3. 井眼裸露时间、定向井对井壁稳定的影响

裸眼井段长，某些裸眼井段经过长时间浸泡（个别高达两个月），井壁水化膨胀压力增加，导致已有液柱压力难以维护井壁的稳定性，因此造成在此井段划眼困难。而定向井和直井相比，加剧了地层的应力释放，地层更不稳定，更容易出现坍塌现象。

事故层段主要为泥页岩，泥页岩在钻开初期井壁稳定，但随着钻井液浸泡时间增加，在水化应力和强度降低的双重作用下，坍塌压力愈来愈高，长时间浸泡后超过实用的钻井液密度，井壁坍塌。

综上可以看出，Sokor 泥岩和 Sokor 低速泥岩的硬脆性地层易剥离掉快，地层压力系数为 0.9~1.08，坍塌压力在 1.28~1.37，而钻井液密度设计严格控制为 1.20~1.25g/cm³，因此地层易坍塌形成"大肚子"，且 Sokor 泥岩和 Sokor 低速泥岩的软泥岩地层易缩颈，垮塌物在缩颈处堆积容易形成砂桥，引起起下钻困难、划眼甚至卡钻。为了有效解决地层不稳定问题，必须提高钻井液的抑制防塌性和选择合适的钻井液密度，并配合及时短起的工程措施。

第二节　井壁稳定钻井液技术

一、氯化钾硅酸盐钻井液技术

1. 硅酸盐性能评价

1）硅酸盐抑制性评价

考察评价硅酸盐的抑制性，室内使用滚动回收率来进行评价。测其在 80℃的一次回收率和二次回收，如图 4-1 与图 4-2 所示，为不同模数、不同加量硅酸钠滚动回收率，如图 4-3 与图 4-4 所示为不同模数、不同加量硅酸钾的滚动回收率，如图 4-5 所示为 KCl 和硅酸盐抑制性对比。

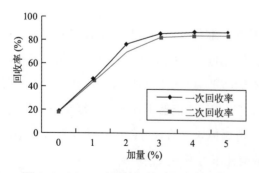

图 4-1　M2.8 硅酸钠加量对回收率的影响

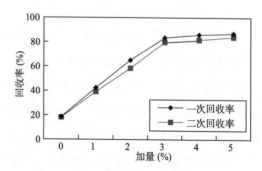

图 4-2　M3.2 硅酸钠加量对回收率的影响

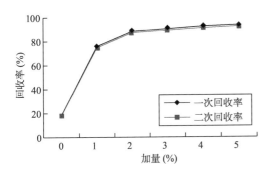

图 4-3 M3.3~3.5 硅酸钾加量
对回收率的影响

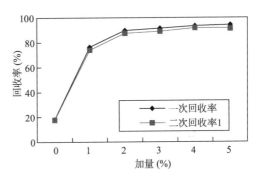

图 4-4 M3.5~3.7 硅酸钾加量
对回收率的影响

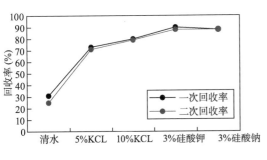

图 4-5 KCl 与硅酸盐抑制性对比

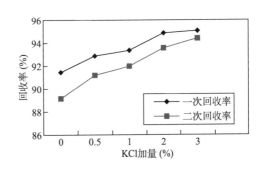

图 4-6 KCl 加量对回收率的影响
（1.5%硅酸钠）

从图 4-1—图 4-5 可以得出以下结论：

（1）无论硅酸钠还是硅酸钾，模数（SiO_2 和 Na_2O 之间物质的量的比）越大，即硅酸盐中 SiO_2 含量越大，回收率越大，抑制性越好；

（2）同一加量下，硅酸钾抑制性要比硅酸钠稍强，这是由于硅酸钾本身钾离子和硅酸盐具有协同抑制效应，但硅酸钾成本是硅酸钠的 2~3 倍，因此选择硅酸钠作为现场使用；

（3）随着硅酸盐加量的增加，回收率增大，2%的加量比 1%加量回收率增加幅度较大，2%~4%时回收率增加幅度较小，因此硅酸盐的加量为 2%~4%最好，大于 2%就有很好的防塌效果；

（4）10%和 5%KCl 溶液比 3%硅酸钾和 3%硅酸钠回收率低得多，这说明硅酸钾和硅酸钠的防塌效果远远优于 KCl。

选择使用硅酸钠作为尼日尔硅酸盐防塌剂使用，使用 KCl 提供 K^+ 与硅酸盐产生协同防塌作用，KCl 加量对回收率的影响（1.5%硅酸钠）如图 4-6 所示。可以看出，加入

0.5%的 KCl 就能大大提高体系的防塌效果；加入 2%～3% 的 KCl 后，随着 KCl 加量的增加回收率增加幅度不大。但是 2%～3% 的 KCl，从理论上来讲，在这个加量范围之内对钻井液的滤失量和切力影响最大，钻井液性能也最不好控制，因此转化为稳定的 KCl 聚合醇钻井液体系后，再加入硅酸盐转化为氯化钾硅酸盐钻井液。

2）硅酸盐与不同处理剂之间的配伍性

根据尼日尔现有钻井液体系、坍塌地层的特点及处理剂的应用情况，结合本项目的研究内容，参考国内外有关硅酸盐与钻井液处理剂配伍性的有关结论，主要进行了硅酸盐与聚合醇、PAC-L、聚丙烯腈铵 NPAN（铵盐）之间的配伍性研究，其结果如下。

（1）与 PAC-L 的配伍性。

在含有 4% 膨润土浆钻井液中加入硅酸盐后，然后再加入 PAC-L，考察钻井液的性能和抑制性的变化，结果见表 4-4。

表 4-4　硅酸盐与 PAC-L 的配伍性

配　方	测试条件	AV （mPa·s）	PV （mPa·s）	YP （Pa）	FL （mL）	回收率 R_{40}（%）
4% 膨润土浆+3% 硅酸盐	常温	4	2	2	23	87
	120℃，16h	6.5	5	1.5	42	—
4% 膨润土浆+0.5%PAC-L	常温	12.5	10	2.5	16	44.58
	120℃，16h	11.5	8	3.5	18	—
4% 膨润土浆+0.5%PAC-L+ 3% 硅酸盐	常温	9	8	1	11.8	85.86
	120℃，16h	7.5	7	0.5	23	—

从表 4-4 可以看出，加入硅酸盐后，钻井液的回收率提高，同时，钻井液流变性能变化合理，滤失量降低，硅酸盐与 PAC-L 有良好的配伍性。

（2）与聚丙烯腈铵 NPAN 的配伍性。

考察在含有聚丙烯腈铵 NPAN 的钻井液中加入硅酸盐后钻井液的性能和抑制性的变化，结果见表 4-5。

表 4-5　硅酸盐与 NPAN 的配伍性

配　方	测试结果	AV （mPa·s）	PV （mPa·s）	YP （Pa）	FL （mL）	回收率 R_{40}（%）
4% 膨润土浆+3% 硅酸盐	常温	4	2	2	23	87
	120℃，16h	6.5	5	1.5	42	—

续表

配　方	测试结果	AV （mPa·s）	PV （mPa·s）	YP （Pa）	FL （mL）	回收率 R_{40}（%）
4%膨润土浆+0.5%NPAN	常温	5	4	1	17	37.98
	120℃，16h	5	3	2	21	—
4%膨润土浆+0.5%NPAN+ 3%硅酸盐	常温	9	3	5	69	82
	120℃，16h	8.5	3	5.5	76	—

从表4-5可以看出，加入硅酸盐后，钻井液的回收率降低，同时，钻井液流变性能变化不大，但对滤失量影响太大，可能是聚丙烯腈铵NPAN在高温下放出 NH_4，再与硅酸盐发生反应，使硅酸盐的抑制性降低。另外加入聚丙烯腈铵NPAN后，高速搅拌观察到氯化钾硅酸盐钻井液起泡严重，因此硅酸盐与聚丙烯腈铵NPAN配伍性不好。

（3）与聚合醇的配伍性。

考察在含有聚合醇的钻井液中加入硅酸盐后硅酸盐与聚合醇的配伍性，结果见表4-6。

表4-6　硅酸盐与聚合醇的配伍性（60℃）

配　方	测试条件	AV （mPa·s）	PV （mPa·s）	YP （Pa）	FL （mL）
4%膨润土浆+3%硅酸盐	常温	4	2	2	23
	120℃，16h	6.5	5	1.5	42
4%膨润土浆+2%聚合醇	60℃	9	6	3	17.6
	120℃，16h	11	8	3	26.2
4%膨润土浆+2%聚合醇+ 3%硅酸盐	60℃	8.5	6	2.5	29.6
	120℃，16h	7.5	4	3.5	48

加入聚合醇主要是为了提高体系的防塌性能和润滑性。但从表4-6可以看出，聚合醇与硅酸盐一起作用后滤失量稍微增加，其他性能变化不大。另外聚合醇浊点高，相对分子质量大，在钻井液中增稠严重，因此聚合醇需要选择性加入。

从上面的讨论中可以看出，硅酸盐与PAC-L之间有良好的复配作用，聚合醇需要选择使用，硅酸盐与NPAN之间复配效果不佳。

2. 氯化钾硅酸盐钻井液流变性的关键影响因素

根据文献和其他现场使用硅酸盐资料来看，氯化钾硅酸盐钻井液具有强抑制防塌效果，环保性能等优点，但存在的主要问题是流变性难以控制，因此对流变性影响的关键因素进行研究，使其具有很好流变性。

1）pH 值的影响

pH 值对硅酸盐体系的滤失量影响不大，而对流变性能影响很大，尤其是钻井液的动切力，因此，应保证体系有合适的 pH 值。研究发现硅酸盐体系的 pH 值应维持在 9.5～11，一般保持在 9.5～10。pH 值低于 9.5，钻井液黏切很大；随着 pH 值提高，黏切降低。但 pH 值高于 11 有可能造成井下不稳定，黏土高度分散，影响钻井液流变性。

2）硅酸盐加量的影响

理论上讲，硅酸盐加量越大，体系的抑制性越强，但从图 4-1—图 4-6 可以看出，加入 1% 的硅酸盐体系就有很好的防塌效果，但相对回收率较低；加入 1.5% 以上的硅酸盐体系抑制性随加量的增加而增加，但增加幅度不大，而且相对回收率很高；从防塌效果来说，加入 1%～1.5% 的硅酸盐体系就有足够的防塌效果。硅酸盐其对钻井液性能的影响见表 4-7。

表 4-7　硅酸盐对膨润土基浆性能的影响

配　方	测试条件	AV (mPa·s)	PV (mPa·s)	YP (Pa)	FL (mL)	pH 值
4%基浆	常温	3.5	2	1.5	18.5	9
	120℃，16h	6.75	4.5	2.25	21.5	9
4%基浆+2%硅酸盐	常温	3.5	2	1.5	22	10.5
	120℃，16h	4.5	2	2.5	35	10.5
4%基浆+3%硅酸盐	常温	3.75	2	1.75	23	10.5
	120℃，16h	6	5	1	42	10.5
4%基浆+4%硅酸盐	常温	4	2.5	1	23	10.5
	120℃，16h	10	7	3	49	10.5

硅酸盐加量越大，钻井液黏切会略有所增加，滤失量增大。因此，在保证体系良好的防塌效果的前提下，应尽量降低硅酸盐的加量，这不仅能保证有较好的钻井液性能，而且能保证有较低的钻井液成本，同时还能使钻井液出现复杂情况时比较方便的维护处理。

3）膨润土加量的影响

膨润土加量对氯化钾硅酸盐钻井液的影响见表 4-8。

从表 4-8 可以看出，随着膨润土含量的增加，泥浆黏切增加，滤失量降低，尤其是膨润土含量达到 5% 以上时，钻井液黏切增加的幅度比较大。膨润土加量过大，使钻井液中的硅酸盐先与膨润土作用，增加钻井液的黏度和切力，减少游离的硅酸盐含量，从而降低体系的防塌效果。因此在钻井过程中必须保持较低的膨润土含量，避免由于膨润土含量过大引起的黏切升高造成的起下钻、开泵、测井等施工过程的事故，一般保持在 $10 \sim 25 g/L$ 的膨润土含量。

表4-8 膨润土加量对氯化钾硅酸盐钻井液的影响

配 方	测试条件	AV（mPa·s）	PV（mPa·s）	YP（Pa）	FL（mL）
3%基浆+3%硅酸盐	常温	1.75	1	0.75	24
	120℃16h	3	1	2	64
4%基浆+3%硅酸盐	常温	2	1	1	21
	120℃，16h	3.5	3	0.5	43
5%基浆+3%硅酸盐	常温	5	3	2	21
	120℃，16h	6.5	5	1	33.5
6%基浆+3%硅酸盐	常温	6.25	3.5	2.75	19
	120℃，16h	7.5	6	1.5	29

3. 氯化钾硅酸盐井液设计

在参考文献中和前面探讨硅酸盐与各种处理剂和 KCl 之间的配伍性，可以看出硅酸盐和目前使用的 KCl 聚合醇钻井液体系所用的处理剂具有很好的配伍性。综合氯化钾硅酸盐钻井液流变性关键影响因素，对钻井液体系进行配方优化，形成了氯化钾硅酸盐钻井液体系，使其具有很好的抑制性和流变性。

1）流变性评价

氯化钾硅酸盐钻井液体系配方中各种处理剂的加量范围和作用见表4-9。

表4-9 硅酸盐体系配方中各种处理剂的加量范围和作用

处理剂	加量（%）	作用
膨润土	1~2.5	形成结构和滤饼
KPAM	0.3~1.0	包被剂和防塌剂
PAC-L	0.5~1.0	降失水剂
SMC	0.5~1.0	高温稳定剂、降失水、降黏
SMP	0.5~1.0	高温防塌剂、高温降失水剂
SPNH	0.5~1.0	高温降失水剂

续表

处理剂	加量（%）	作用
硅酸盐	0.5~1.5	防塌剂、固壁作用和封堵微裂缝作用
KCl	1.5~2	防塌抑制剂
RH8501	3~5	提高体系的润滑性
PAC-R 或 XCD	根据需要	增黏，降失水
NaOH	1.0~1.5	调节 pH 值
加重剂	根据需要	调节密度
其他		根据需要可加入纯碱除钙

优化后的钻井液性能：密度 1.12~1.25g/cm³，漏斗黏度 45~55s，塑性黏度 15~25mPa·s，动切力 5~10Pa，初切/终切 1.5~5Pa/6~12Pa，滤失量不超过 4mL，pH 值 9.5~11，C⁻¹ 含量 7500~10000mg/L，膨润土含量 10~25g/L。

2）强抑制性对比评价

不同体系的对比，主要考察一般的聚合物体系、KCl 聚合醇体系、KCl 硅酸盐体系、饱和盐水聚磺体系、KCl 饱和盐水聚磺体系的抑制性对比，结果如图 4-7 所示。可以看出，KCl 硅酸盐体系表现为强抑制性，无论一次回收率还是二次回收率都比较大，相对回收率也比其他的体系大。从测回收率的岩心外观状态来看，KCl 硅酸盐体系岩心无论是一次回收率还是二次回收率后的完整性，都比 KCl 聚合醇体系和饱和盐水聚磺体系好得多，结果如图 4-8—图 4-13 所示。

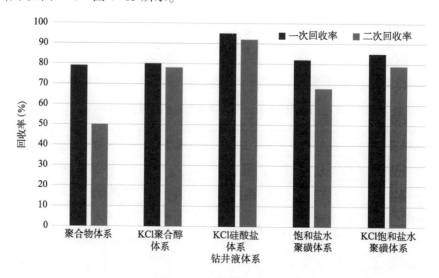

图 4-7 不同体系抑制性对比

图 4-8　KCl 硅酸盐体系一次回收率岩心

图 4-9　KCl 硅酸盐体系二次回收率岩心

图 4-10　KCl 聚合醇一次回收率岩心

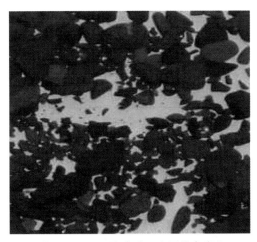

图 4-11　KCl 聚合醇二次回收率岩心

图 4-12　饱和盐水聚磺体系一次回收率岩心

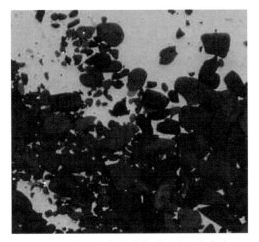

图 4-13　饱和盐水聚磺体系二次回收率岩心

3）抗温性能

KCl 硅酸盐钻井液主要用于防止泥岩的膨胀坍塌，尼日尔 Agadem 油田不稳定地层主要是 Sokor 泥岩和低速 Sokor 泥岩，该层位深度一般在 3000m 之内，井底最高温度一般低于 110℃，钻井液循环温度一般不超过 80℃，为考察氯化钾硅酸盐钻井液抗温性，考察硅酸盐体系在 80℃、120℃老化 16h 后的泥浆性能，结果见表 4-10。

表 4-10　硅酸盐体系的抗温实验

测试条件	FV (s)	PV (mPa·s)	YP (Pa)	FL (mL)	pH 值
常温	50	21	7	3.8	10
80℃16h	49	20	6	4	10
120℃16h	47	24	8	4.8	10

从表 4-10 可以看出，硅酸盐体系高温老化后黏度和失水变化不大，这说明该体系完全能满足尼日尔地层对钻井液抗温需求。

4）抗污染实验

尼日尔部分区块地层存在少量石膏和分散泥岩，主要评价体系抗泥岩钻屑和石膏污染实验，结果如表 4-11。

表 4-11　氯化钾硅酸盐钻井液体系的抗钻屑和石膏污染实验

配　方	测试条件	FV (s)	PV (mPa·s)	YP (Pa)	FL (mL)	pH 值
硅酸盐体系	常温	50	21	7	3.8	10
	120℃16h	47	24	8	4.8	10
硅酸盐体系 +1%泥岩钻屑	常温	52	23	8	4.0	10
	120℃16h	55	26	9	4.8	10
硅酸盐体系+0.3%石膏	常温	60	27	11	5.2	10
	120℃16h	58	25	10	7.0	9.5

从表 4-11 可以看出，KCl 硅酸盐钻井液在地层遇到分散的泥岩和石膏伤害都会使得钻井液黏切升高，因此用好固控设备和提高 pH 值等措施及时维护，可以使得钻井液流变性能在可控范围之内。

5）润滑性评价

尼日尔 Agadem 施工多口定向井和深井，在定向井和深井各种作业中，钻进、测井、下套管，不同作业对润滑提出了不同要求，根据不同作业情况需要不同的润滑防卡措施，室内用极压润滑仪对硅酸盐润滑性进行优化，优化数据如图4-14所示。

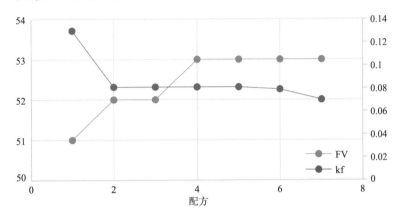

图4-14 润滑性能优化评价数据

注：（1）基浆+7%白油+3%机油；（2）基浆+7%白油+3%机油+1%油性石墨；（3）基浆+7%白油+3%机油+1%油性石墨+1%HNJ-01。油：乳化剂＝10：1。

由图4-14可以看出，加入不同类型的油，使得氯化钾硅酸盐钻井液都具有很好的润滑性，并且和固体润滑剂配合使用，摩阻进一步降低。因此正常钻进，为了更好发现油气层，无荧光润滑剂和油性石墨配合使用。在井下出现复杂情况或完井时，可以使用有荧光润滑剂进一步降低摩阻。

二、强抑制性胺基钻井液技术

1．高效抑制剂的优选与性能评价

1）钻屑岩性分析

针对Sokor-21井的不同井段的三种钻屑，采用X射线衍射仪进行了全岩组分及黏土矿物成分分析。表4-12为苏丹六区现场三种钻屑矿物种类及含量。

表4-12 三种钻屑的矿物种类及含量

井号	井段（m）	矿物种类及含量（%）						黏土矿物总量（%）
		石英	钾长石	斜长石	赤铁矿	重晶石	铁白云石	
Sokor-21	1375~1395	51.2	0.8	0.4	1.7			45.9
	1526~1558	80.0				2.1	0.9	17.0
	1620~1640	24.1	0.9	1.2	2.8	1.1	4.0	65.9

进一步地，对不同井段的钻屑的黏土矿物成分进行了分析，分析结果见表4-13。

表4-13 三种钻屑的黏土矿物成分及含量

井号	井段(m)	黏土矿物相对含量(%)						混层比 S(%)	
		S	I/S	I	K	C	C/S	I/S	C/S
Sokor-21	1375~1395		30	5	65			60	
	1526~1558	37		2	61				
	1620~1640	42		9	49				

注：S—蒙皂石类；I/S—伊蒙混层；I—伊利石；K—高岭石；C—绿泥石；C/S—绿蒙混层。

测试结果看出，Sokor-21井1375~1395m井段钻屑、1526~1558m井段钻屑、1620~1640m井段钻屑中所含黏土矿物总量分别为45.9%、17.0%、65.9%。其中，1375~1395m井段钻屑的黏土矿物中伊蒙混层的相对含量高达30%，伊蒙混层中蒙皂石的含量为60%，1526~1558m井段钻屑的粘土矿物中蒙脱石相对含量为37%，1620~1640m井段钻屑的黏土矿物中蒙皂石相对含量为42%。地层岩性中由于蒙皂石组分的存在，其膨胀程度层间差异大，吸水膨胀后易引起井眼缩径或垮塌等井壁失稳问题。

2）清水浸泡实验

采用尼日尔现场所取的钻屑，开展了清水浸泡实验，并对清水浸泡实验中水化分散明显的钻屑开展了全岩分析及黏土矿物成分分析。如图4-15所示依次为Sokor-21井1375~1395m井段钻屑、1526~1558m井段钻屑、1620~1640m井段钻屑在清水中浸泡的水化分散情况图。

图4-15 尼日尔Sokor-21井三种不同钻屑的清水浸泡实验(浸泡24h)

清水浸泡实验结果发现，尼日尔Sokor-21井的三种钻屑在清水中都容易水化分散。

3）回收率实验

分别在350mL四种不同体系（包括清水）中添加6~10目的试验用钻屑35g，并于100℃下热滚16h进行分散试验，热滚后存留的钻屑过40目的筛子，清洗，烘干后称重，得到的质量与起始钻屑质量(35g)的百分比为相应体系的钻屑一次回收率。

随后，将前面一次回收烘干的钻屑分别加入 350mL 清水中，同样于 100℃ 下热滚 16h，用 40 目标准筛回收，烘干后称重，得到的质量与起始钻屑质量(35g)的百分比为相应体系的钻屑在清水中的二次回收率。钻屑一、二次回收实验结果见表 4-14 及图 4-16。

表 4-14　不同体系的一次钻屑回收及清水的二次钻屑回收实验

实验用钻屑	对应体系	各体系中一次回收		清水中二次回收	
		钻屑质量(g)	回收率(%)	钻屑质量(g)	回收率(%)
Sokor-21 井 1375~1395m 井段钻屑	清水	7.69	21.97	6.15	17.57
	工程院胺基钻井液配方	27.04	77.26	17.06	48.74
Sokor-21 井 1526~1558m 井段钻屑	清水	0.99	2.83	0.66	1.86
	工程院胺基钻井液配方	29.38	83.94	28.54	81.54
Sokor-21 井 1620~1640m 井段钻屑	清水	6.70	19.14	3.32	9.49
	工程院胺基钻井液配方	30.09	85.97	27.48	78.51

测试结果表明，尼日尔 Sokor-21 井三种不同井段钻屑在清水中容易水化分散，回收率低(后两种钻屑水化更明显)；一次回收实验中，工程院胺基配方通过添加 3.0% HCOOK 和 1.5%SIAT 均获得了较好的回收率，即工程院配方在低钾离子浓度下，通过添加 1.5%SIAT 获得了不错的回收率，表明胺基抑制剂 SIAT 和 HCOOK 协同发挥了良好的泥页岩抑制作用。

二次回收实验中，由于处于清水环境中，工程院胺基配方中回收的钻屑仍保持了较高的二次回收率，三种钻屑的二次回收率分别从 77.26% 下降至 48.74%、83.94% 下降至 81.54%、85.97% 下降至 78.51%，尤其对后两种易水化泥岩钻屑的二次回收率与一次回收率差别不大，其二次回收的钻屑仍能保持良好的颗粒状外观形貌，抑制泥岩水化分散效果凸显。由于胺基抑制剂 SIAT 含有极性胺基，易被泥页岩优先吸附，并进入泥页岩微观黏土片层而固定片层间距，且吸附或固定片层间距的过程是不可逆的，起到降低泥页岩晶层水化膨胀分散的效果，从而有效地抑制了钻屑的水化分散。

回收率实验表明，钻井液靠提高单一钾盐(如 KCl)浓度来保证体系抑制性的思路不可取，其抑制性难以持续；钻井液通过添加钾盐(如 KCl、HCOOK 等)和胺基抑制剂 SIAT，发挥两者的协同抑制效果，可获得持续性的优良抑制性。

(a) 1375~1395m井段钻屑的一次回收情况
（清水及工程院胺基钻井液中的一次回收率分别为21.97%和77.26%）

(b) 1375~1395m井段钻屑一次回收后在清水中的二次回收情况
（原体系所对应的二次回收率分别为17.57%和48.74%）

(c) 1526~1558m井段钻屑的一次回收情况
（清水和工程院胺基钻井液中的一次回收率分别为2.83%和83.94%）

(d) 1526~1558m井段钻屑一次回收后在清水中的二次回收情况
（原体系所对应的二次回收率分别为1.86%和81.54%）

图4-16　Sokor-21井一次回收和二次回收烘干后外观形貌

(e) 1620~1640m井段钻屑的一次回收情况
（清水和工程院胺基钻井液中的一次回收率分别为19.14%和85.97%）

(f) 1620~1640m井段钻屑一次回收后在清水中的二次回收情况
（原体系所对应的二次回收率分别为9.49%和78.51%）

图 4-16　Sokor-21 井一次回收和二次回收烘干后外观形貌（续）

2. 钻井液体系配方优化研究

尼日尔 Agadem 油田现场在用钻井液体系为常规的 KCl/硅酸盐钻井液体系，该体系中含有硅酸盐，遇地层水中的二价金属离子容易絮凝，在现场应用中钻井液性能不易维护，难以重复利用，且体系中含金属氯化物，水处理困难，对环境有一定影响，因此，尼日尔现场用的 KCl/硅酸盐钻井液体系在抑制性、润滑性、封堵性和环保等方面需持续提升或进行钻井液体系配方优化。

从完钻井的井史资料看，钻遇易水化膨胀的泥页岩井段（Sokor 及 Low Velocity Shale）时，仍存在钻具泥包、井壁坍塌、井眼缩径、起下钻遇阻等问题，被迫频繁短起下，井下复杂事故仍时有发生，并伴有卡钻风险。

拟采用的胺基钻井液体系由抑制性能优良的胺基抑制剂、包被剂、降滤失剂、高效润滑型封堵剂等处理剂组成。其中，胺基抑制剂 SIAT 含有极性胺基，易被黏土优先吸附，可固定黏土片层的间距，降低黏土水化膨胀，具有良好的抑制效果；高效润滑型封堵剂 MPA 既有良好的封堵效果，又保证了胺基钻井液体系优良的润滑防卡性能。胺基钻井液体系本身具有优良的抑制性、封堵性及润滑性等优势，对解决井漏和井壁坍塌同层的难题有成功的案例，如采用胺基钻井液应用的长庆油田靖 56-1H2 井完钻钻井液密度仅为 1.26g/cm³，较邻井钻井液密度(钻遇 500m 左右泥岩段，钻井液密度 1.40~1.45g/cm³)有明显降低，较好地解决了水平段泥页岩的垮塌及井漏同层的难题。

对胺基钻井液体系在新疆油田、华北油田、西南油气田、长庆油田、海外乍得等区块 150 余口井进行了现场试验与应用。结果表明，该技术提供了解决大段水敏性泥页岩的技术方案，抑制性优良，井壁稳定，井径规则。

胺基钻井液体系经过持续多年的技术攻关及在油田现场的推广应用，技术成熟，产品可靠，绿色环保，为尼日尔 Agadem 油田作业区块提供了一种解决水敏性泥页岩井壁失稳的技术方案。

鉴于前期胺基钻井液在类似地区(乍得)良好的现场应用效果，结合尼日尔目标区块所钻遇的地层特点，拟在尼日尔 Agadem 油田采用环保且可重复利用的胺基钻井液进行先导性试验。在钻井液配方调整升级过程中，建议着眼环保，尽量避免使用可能带来环保压力的处理剂产品，降低 KCl 的用量或直接采用 HCOOK(甲酸钾)，解决因 KCl 带来的潜在环境问题，减小环保压力。

在现有 KCl/硅酸盐钻井液体系的基础上，作加减法，调整配方，针对抑制性、润滑性、封堵性等性能，添加胺基抑制剂 SIAT、高效润滑型封堵剂 MPA 等处理剂，加强钻井液体系的抑制性和封堵性，提升钻井液整体性能，确保安全、快速钻井。着眼环保，尽量避免使用可能带来环保压力的处理剂产品，强化现场钻井液的循环利用，减小环保压力，降低综合成本。

室内进行了多组钻井液体系配方的优化及性能测试，下面优选了 9 组具有代表性的配方开展相关性能评价实验，具体配方组成见表 4-15。采用两种不同的配浆方式：(1)在 400mL 浓度为 2% 的膨润土基浆(充分水化)中，添加一定量的 NaOH，依次添加 DSP-2、PAC_LV、EMP，充分溶解后，添加钾盐、SIAT，采用重晶石粉末加重后添加 MPA；(2)在一定量的清水中依次添加 DSP-2、PAC_LV，充分溶解成胶液后，与一定量的充分水化的膨润土基浆混合，随后添加钾盐、EMP、MPA 和 SIAT，保证每一种添加剂充分溶解，最后用重晶石加重。

表 4-15 钻井液体系不同配方组成

配方	添加剂含量(%)									
	膨润土	NaOH	DSP-2	PAC-LV	EMP	HCOOK	KCl	SIAT	MPA	ISP-1
1	2	0.4	0.8	0.3	0.3			1.5		
2	2	0.4	0.8	0.3	0.3			1.5	3	

续表

配方	添加剂含量(%)									
	膨润土	NaOH	DSP-2	PAC-LV	EMP	HCOOK	KCl	SIAT	MPA	ISP-1
3	2	0.4	0.8	0.3	0.3	3		1.5	3	
4	2	0.4	0.8	0.3	0.3	8		1	2	1
5	2	0.4	0.8	0.3	0.3	8		1.5	3	
6	2	0.4	0.8	0.3	0.3		3	1	2	
7	2	0.4	0.8	0.3	0.3	3		1	2	
8	2	0.4	0.8	0.3	0.3			1		
9	2	0.4	0.8	0.3	0.3			1	2	

注：配方中引入的 DSP-2、EMP、SIAT、MPA 及 ISP-1 均为环保型产品。

3. 钻井液性能评价

1) 性能测试

实验中，前四种配方采取前一种方式配浆，后五种配方采取后一种方式配浆，每一种配方均添加了 65g 的重晶石粉末，钻井液密度为 1.12g/cm³。配浆过程中，发现采取第一种方式配制添加钾盐的配方(3 号和 4 号)明显有重晶石沉降的现象，且配方中如添加的钾盐为 KCl，配制过程中钻井液体系容易起泡；而采取第二种方式配制的钻井液体系无重晶石沉降及起泡的现象。不同配方钻井液体系性能测试的结果见表 4-16。

表 4-16 不同配方钻井液体系性能测试

配方编号	老化条件 (100℃16h)	AV (mPa·s)	PV (mPa·s)	动切力 YP (Pa)	Gel (Pa/Pa)	API 滤失量 (mL)	高温高压滤失量 FL_{HTHP}(mL)
1#	热滚前	53	29	24	6/11		
	热滚后	43.5	26	17.5	3/8	14	
2#	热滚前	55	27	28	4/8		
	热滚后	41.5	27	14.5	3/6	10.2	
3#	热滚前	24	20	4	2/3		
	热滚后	28.5	22	6.5	3/2	5.8	13.2/100℃
4#	热滚前	22.5	18	4.5	2/2		
	热滚后	22	19	3	2/2	4.3	16.8/100℃
5#	热滚前	26.5	25	1.5	3/4		
	热滚后	45.5	43	2.5	3/4	5.5	15.2/100℃

配方编号	老化条件（100℃16h）	AV（mPa·s）	PV（mPa·s）	动切力 YP（Pa）	Gel（Pa/Pa）	API 滤失量（mL）	高温高压滤失量 FL_{HTHP}（mL）
6#	热滚前	43.5	41	2.5	2/4		
	热滚后	30.5	23	7.5	2/5	5.0	13.6/100℃
7#	热滚前	31.5	23	8.5	2/4		
	热滚后	31	23	8	2/5	5.5	14.0/100℃
8#	热滚前	61	35	26	15/12		
	热滚后	49.5	33	16.5	2/7	11.9	
9#	热滚前	61.5	33	28.5	8/13		
	热滚后	42.5	28	14.5	2/8	8.0	

注：配方 1#、2#、8#、9# 配方的 API 滤失量偏大，实验中没进一步开展高温高压的滤失性能评价。

2）滤饼质量

不同配方中压失水形成的滤饼如图 3-7 所示。从图中看出，配方 1#、2#、8#、9# 中压失水形成的滤饼风干后，表面呈龟裂状，多裂纹；而配方 3#、4#、5#、6#、7# 号中压失水形成的滤饼风干后，表面光滑，韧性好，裂纹少。实验中，各配方中压失水形成的滤饼形貌与 API 失水量相一致，滤饼呈龟裂状的 1#、2#、8#、9# 号配方的 API 失水量均比较大，反之，形成滤饼韧性好的 3#、4#、5#、6#、7# 号配方的 API 失水量均比较合理。

对不同钻井液体系热滚后中压失水形成的滤饼风干后进行称重，不同滤饼的质量见表 4-17。测试结果表明，5#、6#、7# 三种配方所形成的滤饼质量较轻，其中 7# 配方所形成的 API 滤饼质量最轻，其质量仅为 2.68g。结合图 4-17 滤饼表观形貌与表 4-17 滤饼质量，形成的滤饼越薄，滤饼质量越轻，形成的滤饼质量越好。

表 4-17　不同钻井液体系热滚后中压失水形成的滤饼风干后质量

钻井液体系编号	1#	2#	3#	4#	5#	6#	7#	8#	9#
API 滤饼质量（g）	5.02	3.94	3.96	7.51	3.33	3.36	2.68	4.51	3.75

3）降滤失性评价

进一步地，将配方 7# 中的降滤失剂 DSP-2（0.8%）换成 PMHA-2（0.5%），其他组分不变，其性能对比见表 4-18。测试的流变性能结果表明，新配方的切力不如 7# 配方。在

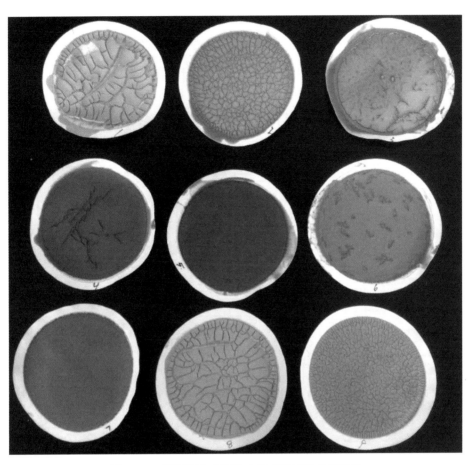

图 4-17　不同配方中压失水形成的滤饼表观形貌

降滤失性能方面，新配方的中压失水性能不错，但形成的滤饼风干后质量达 5.52g，明显大于 7#配方中压失水形成的滤饼质量(2.68g)。且新配方在 100℃下的高温高压滤失量达到 32.8mL，远大于 7#配方的高温高压滤失量 FL_{HTHP}(14.0mL)，显然 PMHA-2 的抗温性差，不宜在该配方中用作降滤失剂。

表 4-18　不同配方钻井液体系性能测试

配方编号	老化条件 (100℃16h)	AV (mPa·s)	PV (mPa·s)	动切力 YP (Pa)	Gel 读数 (Pa/Pa)	API 滤失量 (mL)	高温高压滤失量 FL_{HTHP}(mL)
7#	热滚前	31.5	23	8.5	2/4		
	热滚后	31	23	8	2/5	5.5	14.0/100℃
新配方	热滚前	18	9	9	1/1		
	热滚后	20.5	15	5.5	2/4	4.7	32.8/100℃

配方 7#：2%Bentonite+0.4%NaOH+0.8%DSP-2+0.3%PAC-LV+3%HCOOK+0.3%

EMP+2%MPA+1%SIAT+Barite。

新配方：2%Bentonite+0.4%NaOH+0.5%PMHA-2+0.3%PAC-LV+3%HCOOK+0.3%EMP+2%MPA+1%SIAT+Barite。

在前面评价不同配方流变性能、降滤失性能的基础上，并结合不同配浆方式过程中钻井液体系的重晶石悬浮性能及起泡性等方面，采取以上第二种配浆方式的5#、6#、7#号配方具有良好的综合性能。

4）SIAT 对流变性的影响

选取5#配方，按前面第二种配浆方式，考察了添加 SIAT 前后钻井液流变性能的变化（体系未加重），实验测试数据见表4-19。

表4-19　体系添加 SIAT 前后的流变性能

配方编号	添加 SIAT（热滚前）	Φ_{600}	Φ_{300}	AV（mPa·s）	PV（mPa·s）	动切力 YP（Pa）	Gel 读数（Pa/Pa）
5#	未添加	41	24	20.5	17	3.5	2/3
	添加 SIAT	48	30	24	18	6	3/4

实验结果表明，采取第二种配浆方式，体系中添加 SIAT 前后，其流变性能变化不大，即 SIAT 在该体系中配伍性较强。

5）MPA 对钻井液体系滤失量的影响

针对优选的配方7#，对比了未添加 MPA 的配方（其他添加的处理剂与配方7#相同）的性能，两种配方钻井液体系性能测试的结果见表4-20。

表4-20　不同配方钻井液体系性能测试

配方编号	老化条件（100℃16h）	AV（mPa·s）	PV（mPa·s）	YP（Pa）	Gel 读数（Pa/Pa）	API 失水 mL	高温高压滤失量 FL_{HTHP}(mL)
7#	热滚前	31.5	23	8.5	2/4		
	热滚后	31	23	8	2/5	5.5	14.0/100℃
10#	热滚前	25.5	20	5.5	1/3		
	热滚后	27.5	20	7.5	2/3.5	6.4	19.6/100℃

配方7#：2%Bentonite+0.4%NaOH+0.8%DSP-2+0.3%PAC-LV+3%HCOOK+0.3%EMP+2%MPA+1%SIAT+Barite。

配方10#：2%Bentonite+0.4%NaOH+0.8%DSP-2+0.3%PAC-LV+3%HCOOK+0.3%EMP+1%SIAT+Barite。

与配方7#相比，配方10#的 API 失水和高温高压滤失量 FL_{HTHP} 明显要大。两种配方中压失水形成的滤饼如图 4-18 所示。从图中看出，未添加 MPA 的配方10#中压失水形成的滤饼风干后，表面多细小裂纹，显然不如配方7#中压失水形成的滤饼细腻、有韧性，原因在于7#配方中添加了 MPA，而 MPA 在水基体系中能分散成纳微米乳液，能对滤饼的纳/微米孔缝进行有效封堵，改善了滤饼质量，形成的滤饼更加致密、细腻，因而，体系中添加 MPA 能明显降低体系的滤失量。

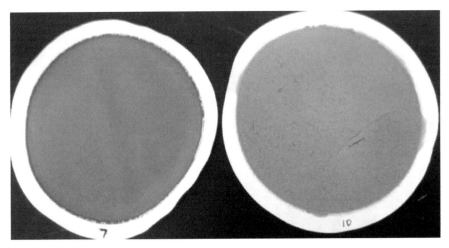

图 4-18　两种配方中压失水形成的滤饼表观形貌

6）润滑性能评价

选用未添加 MPA 的配方10#、添加了 RH-3 的配方11#，添加了 MPA 的6#与7#配方，进行了润滑性能的对比评价。四种配方钻井液的润滑性能测试结果见表 4-21 及图 4-19。

表 4-21　不同配方钻井液润滑系数的对比

配方编号	MPA 加量	RH-3 加量	水参数	体系参数	校正因子 CF	润滑系数 μ	润滑系数变化率
10#	0	0	37.6	16.2	0.904	0.1465	
11#	0	2%	34.9	15.5	0.974	0.1510	↑3.1%
7#	2%	0	37.3	8.4	0.912	0.0766	↓47.7%
6#	2%	0	32.9	8.1	1.033	0.0837	↓42.9%

配方 10#：2%Bentonite+0.4%NaOH+0.8%DSP-2+0.3%PAC-LV+3%HCOOK+0.3%EMP+1%SIAT+Barite。

配方 11#：配方 10#+2% RH-3。

配方 7#：配方 10#+2% MPA。

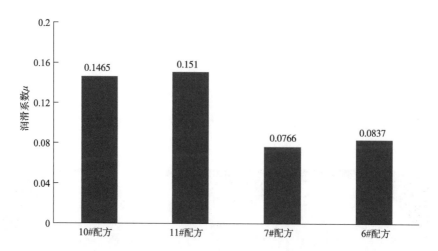

图 4-19　添加 MPA 及 RH-3 对钻井液体系润滑系数的影响

配方 6#：2%Bentonite+0.4%NaOH+0.8%DSP-2+0.3%PAC-LV+3%KCl+0.3%EMP+2%MPA+1%SIAT+Barite。

实验结果看出，添加了 2%MPA 的钻井液体系（6#、7#）的润滑系数明显低于未添加 MPA 的钻井液体系（10#），而添加 2%RH-3 的配方 11#钻井液体系的润滑系数反而略大于 10#配方，说明添加 RH-3 对 10#配方钻井液的润滑系数基本不起作用。其中，7#配方与 10#配方除 MPA 外，其余处理剂的添加完全一致，添加了 2%MPA 的 7#配方润滑系数较 10#降低了 47.7%，反之，未添加 MPA 的 10#配方润滑系数较 7#增加了 91.3%；而 6#配方与 7#配方的差别在于加于的钾盐不同，6#配方中添加的钾盐为 KCl，同样添加了 2%MPA 的 6#配方润滑系数较 10#降低了 42.9%，反之，未添加 MPA 的 10#配方润滑系数较 6#提升了 75%。实验结果表明，MPA 具有强润滑性，能明显增强优化的胺基钻井液体系的润滑效果，起到良好的润滑减阻的作用。

综上所述，MPA 能明显改善滤饼质量，不仅具有良好的封堵性能，且具有优良的润滑性能，是一种高效的多功能处理剂。

4. 地层配伍性评价

1）钻井液滤液与地层配伍性评价

根据《储层敏感性流动实验评价方法》（SY/T 5358—2010）标准评价了储层的敏感性，实验结果见表 4-22。

根据敏感性实验分析，该区块储层中高岭石和伊利石的存在，使岩心具有中等偏弱程度的速敏，临界流速在 1.006cm³/min 左右。储层岩样的膨胀性黏土矿物蒙皂石和伊蒙混层含量较低，但是水敏实验表明储层有中等偏弱程度的水敏，盐敏的临界矿化度为825mg/L，这可能是某些遇低矿化度水易膨胀的矿物，如水化白云母等造成的。对储层岩样做薄片分析表明岩石成分中包含 1%~10%云母，可能会造成一定的分散运移型的水敏。储层为极强酸敏，黏土矿物中的绿泥石含量较高且岩心薄片分析发现粉砂岩中包含少量的铁质矿物等，这都会在酸化后 pH 值降低的情况下产生铁离子沉淀或氟化钙沉淀。储层中分布的少量伊利石和钾长石、钠长石等碱长石导致储层有中等偏弱的碱敏性。总的来说，储层的敏感性较为复杂，应采取有针对性的预防措施，降低储层伤害的程度。

表 4-22　储层五敏实验综合评价统计表

类型	岩心块数	样品 1	样品 2
速敏	2	中等偏弱	中等偏弱
水敏	2	中等偏弱	中等偏弱
酸敏	2	强	极强
碱敏	2	中等偏弱	中等偏弱
盐敏	2	825mg/L	825mg/L

注：岩心层位为 E1，2009.05~2010.00m。

总结储层可能存在的伤害因素，固相颗粒伤害对储层的潜在伤害最为严重。现场储层现用的是常规的 KCl 聚合物钻井液，固相含量为 11%，含砂量 0.3%，这些固相在井底正压差的作用下，可以挤入地层深处，对储层造成固相颗粒伤害。应加入油溶、酸溶性暂堵剂，形成致密滤饼，提高钻井液的封堵率效果，降低钻井液中的固相及液相进入储层，减少对储层的伤害。另外，添加泥页岩抑制剂，抑制泥页岩水化膨胀、分散，减少对储层的水敏伤害和降低井底事故的发生率；控制钻井液 pH 值在 8~9，减少碱敏伤害；针对酸敏，应优化酸化体系，在钻井液设计中暂不予考虑。

2）钻井液固相颗粒及添加剂对储层伤害评价

储层伤害实验方法按照《油层伤害室内评价方法》（SY/T 6540—2002）行业标准中，钻井液、射孔液和压井液伤害油层静态试验方法进行，并进一步模拟了酸洗后以及降解后渗透率恢复值的测定。具体试验方法如下：

（1）岩心抽真空饱和地层水；

（2）饱和煤油并正向测岩心污染前的油相渗透率；

（3）将岩心反向放入 JHDS-Ⅱ高温高压动态失水仪中，模拟钻井液对岩心的动态污染；

（4）将污染后的岩心取出，装入岩心夹持器中，用煤油驱替 20 倍孔隙体积，模拟油溶，之后正向测煤油相渗透率；

（5）将岩心取出，用 15%盐酸(现场酸洗浓度)驱替 0.5 倍孔隙体积，之后用同样浓度的盐酸浸泡污染端 1cm 处，浸泡时间为 2h；

（6）按照步骤 4 测定酸化后岩心的油相渗透率；

（7）将岩心取出，污染端朝上放入 400mL 具有密封塞的广口瓶中，向广口瓶中加入煤油，煤油深度刚与岩心污染断面持平，放入生物培养箱中降解。经实验低伤害钻井液降解 60d 后已经发酵，黏度降低，故降解时间设为 60d；

（8）按照步骤 4 测定酸化后岩心的油相渗透率。

储层伤害实验测试结果见表 4-23。

表 4-23　储层伤害实验测试结果

处理方法	KCl 聚合物钻井液		理想填充钻井液		低伤害钻井液	
	渗透率（mD）	恢复值（%）	渗透率（mD）	恢复值（%）	渗透率（mD）	恢复值（%）
污染前	1.971	—	2.413	—	2.30	—
油溶	1.431	72.63	2.271	94.14	2.102	91.30
酸化	1.465	74.36	2.718	112.78	2.608	113.41
降解	1.469	74.52	2.719	112.83	2.722	118.36
动态滤失量（mL）	3.4		2.1		2.4	

储层伤害实验结果表明，油溶后理想填充和低伤害钻井液的渗透率恢复值均在 90% 以上，与 KCl 聚合物钻井液相比有较大提高。经过酸溶和生物降解后，理想填充钻井液和低伤害钻井液的渗透率恢复值均超过 100%。经过模拟酸化处理后，理想填充钻井液和低伤害钻井液的渗透率恢复值都有较大幅度的上升，渗透率恢复值超过了 110%，而 KCl 聚合物钻井液由于未使用可酸溶的封堵率剂，渗透率恢复值上升幅度较小。经过模拟生物降解处理后，低伤害钻井液的渗透率有了进一步提高，达到 118.36%，其可生物降解的功能比较明显。

三、GWHP FLEX 高性能聚胺钻井液技术

1. 高性能聚胺钻井液特点

分析尼日尔地层可知，井壁垮塌等复杂主要发生在 Sokor 泥岩、低速泥岩井段。泥岩井段岩心矿物成分含有伊蒙混层，含量范围在 3%~58%；黏土矿物中，高岭石的相对含量最高，平均为 74.66%（图 4-20）。因此对于泥岩矿物成分含有伊蒙混层（混层比较高）、高岭石（易剥落掉块）的泥页岩井壁失稳难题以及二期开发井型，在钻井液体系研究思路上，从包被、抑制、封堵、防塌和携岩五个方面开展攻关研究。

因此，高性能聚胺钻井液具备以下特点。

（1）提升包被能力。选用超高分子量的包被剂乳液大分子聚合物 GW AMAC。

（2）增强抑制性。选用胺基抑制剂 GWHP Inhibit，配合 KCl 协同增强抑制性。

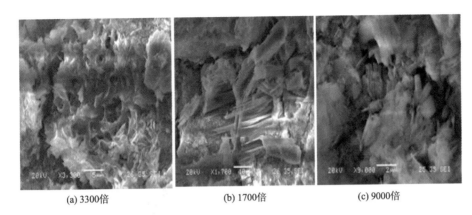

| (a) 3300倍 | (b) 1700倍 | (c) 9000倍 |

图4-20 泥岩地层岩心扫描电镜照片

（3）加强防塌、封堵能力。选择低软化点石蜡类防塌剂，封堵地层微裂缝，改善滤饼质量，稳固井壁。配合使用微纳米封堵剂 GWHP Seal，实现对地层裂缝的全尺寸封堵。

（4）注重体系携岩能力。二期开发定向井居多，强化体系流型控制，提高动塑比。强化剪切稀释性。

2. 高性能聚胺钻井液性能评价

1）流变性及滤失造壁性能评价

GWHP FLEX 高性能聚胺钻井液体系基本配方：1%～2%膨润土+0.2%～0.4%烧碱+0.3%～0.5% GW AMAC+1%～2% GWHP-inhibit+0.5%～1% PAC-LV+8% KCL+1%～2% H-stable（防塌剂）+0.2%～0.3% XC+2%～3%GWHP SEAL+高效润滑剂（可选）+重晶石（加重至所需密度）。

通过对比可以看出不同密度钻井液在不同温度条件下都具有更好的流变性、滤失造壁性能和抗温性能（表4-24）。

表4-24 流变性及滤失造壁性能对比评价结果

配方	密度（g/cm³）	实验条件	Φ_6/Φ_3	$G_{10''}/G_{10'}$（Pa/Pa）	PV（mPa·s）	动切力 YP（Pa）	高温高压滤失量 FL_{HTHP}（mL/30min）
GWHP FLEX	1.92	未老化	6/4	5/10	55	21	
		100℃×16h	8/6	7/11	53	22	4.0（120℃）
		120℃×16h	6/4	4/7	41	25	5.6
		120℃×88h	5/4	4/8	40	20	4.0
GWHP FLEX	1.20	未老化	6/5	5/8	25	25	
		90℃×40h	7/5	6/7	20	26	8.2

2）封堵性能评价

封堵性能是评价钻井液能否守住第一道防线的一个重要指标，封堵性能差，滤失体积大，地层孔隙压力升高，并可能产生过高水化应力。由图 4-21 与图 4-22 可以看出，GWHP FLEX 高性能聚胺钻井液体系有效缓解钻井液滤液对高、中渗透及致密低渗透地层的侵入、渗滤程度，降低压力传递速度，更有利于维护地层的稳定性。

3）抑制性评价

最大限度地降低钻井液及其滤液对地层岩石的水化作用既铸就了稳定井壁的第二道防线，也是缓解 LGS 累积效应和黏切力升高程度的利器。换言之，良好的钻井液性能不仅要具有较低的高温高压滤失量，而且还应具有较好的抑制性能。通过滚动回收率实验表明（图 4-23、图 4-24），GWHP FLEX 高性能聚胺钻井液体系抑制性与油基钻井液抑制性接近。

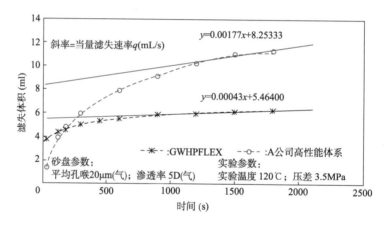

图 4-21　对中、高孔渗透地层的封堵性能（PPA）

4）对井壁稳定性的影响

钻井液安全密度窗口（越宽越好）是钻井液封堵性能及其抑制性能好坏的综合反映，体现了两道防线的牢固程度。GWHP FLEX 高性能聚胺钻井液体系浸泡岩心后，岩心坍塌压力当量钻井液密度较高，与常规聚合物相比，有较大安全密度窗口（图 4-25）。

5）剪切稀释性

良好的剪切稀释性可充分利用钻头水马力，有利于提高钻速，在环空又能很好携带钻屑。高触变性是表征钻井液悬浮岩屑能力的重要指标，对水平井携岩尤为重要。高性能聚胺体系触变性好，有利于井筒清洁，防止生成岩屑床，避免高泵压、激动压力及其诱发的井筒失稳、漏失等复杂情况。由图 4-26 与图 4-27 可以看出，高触变性是大位移水平井钻井液重要有利特征，终切/初切的值在 1.2~2，有利于井筒清洁，防止生成钻屑床；避免高泵压、激动压力及其诱发的井筒失稳、漏失等复杂情况，有利于井筒稳定。

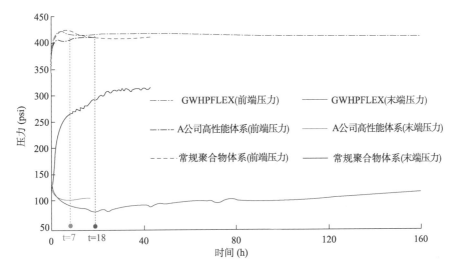

图 4-22　对低孔渗透地层的封堵性能（PPT）

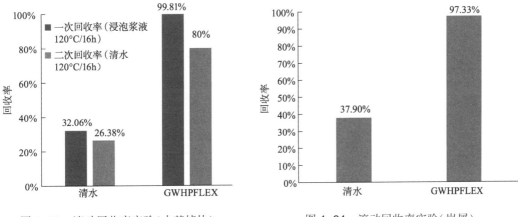

图 4-23　滚动回收率实验（水基掉块）　　　　图 4-24　滚动回收率实验（岩屑）

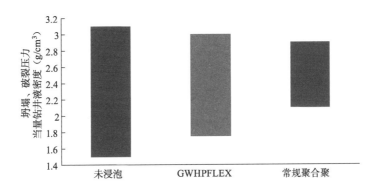

图 4-25　选用页岩岩心在各钻井液中浸泡 24h 后的
钻井液安全密度窗口对比评价

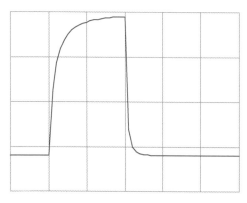

图 4-26 高性能聚胺钻井液体系

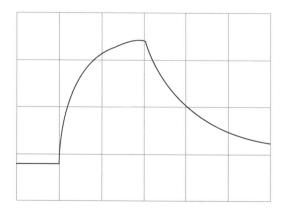

图 4-27 普通水基钻井液体系

6）抗污染性能评价

通过实验可以发现，GWHP FLEX 高性能聚胺钻井液体系被污染后滤失量表现稳定，且仍具有较低的黏切力，显示出较强的抑制性。其初、终切大小适当，有利于防止在开泵瞬间产生过大激动压力，造成井漏、憋泵等复杂情况。

事实上，钻井液抗低密度固相污染性能也是表征其抑制性的又一个重要指标（表 4-25）。钻井液在加入低密度固相如膨润土后，其黏切力变化不大，则说明外来固相（此处即为膨润土，现场主要指分散在钻井液中的细小岩屑末）在钻井液中的水化造浆能力弱，钻井液抑制性强。

表 4-25 钻井液抗低密度固相污染性能对比评价

配方	实验条件	Φ_6/Φ_3	$G_{10'}/G_{10''}$ (Pa/Pa)	PV (mPa·s)	YP (Pa)	高温高压滤失量 FL_{HTHP} (mL/30min)
GWHP FLEX +5%膨润土	老化前	7/5	6/17	66	32	—
	120℃×16h	5/4	4/9	42	26	6.4
GWHP FLEX +8%膨润土	老化前	8/6	7/23	70	25	—
	120℃×16h	7/6	6/30	53	37	6.0
A 体系 +5%膨润土	老化前	15/13	14/50	83	46	—
	100℃×16h	11/10	11/30	66	55	6.0
A 体系 +8%膨润土	老化前	47/44	46/124	$\Phi_{600}>\Phi_{300}$		—
	100℃×16h	24/23	26/68	88	71	—

7）润滑性、抗温性和悬浮性评价

通过实验可以发现，GWHP FLEX 体系润滑性显著强于常规聚合物钻井液体系（图 4-28），GWHP FLEX 高性能聚胺钻井液体系沉降稳定性良好（表 4-26）。

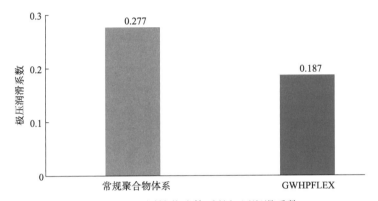

图 4-28 不同钻井液体系的极压润滑系数

表 4-26 抗温性能及悬浮性能对比实验

序号	实验条件	Φ_6/Φ_3	初切/终切（Pa/Pa）	PV（mPa·s）	YP（Pa）	高温高压滤失量 FL_{HTHP}(mL)	滤饼厚度（mm）
GWHP FLEX	50℃	6/4	2.5/5	55	10.5	—	—
	100℃×16h	8/6	3.5/5.5	53	11	4（120℃）	3
	120℃×16h	5/4	2/3.5	41	12.5	5.6（120℃）	4
	室温×88h +120℃×88h	4/3.5	1.5/4	40	10	4（120℃）	2
其他公司高性能体系	50℃	7/5	2.5/5.5	58	11.5	—	—
	110℃×16h	6/5	2.5/5	56	8.5	7.4（100℃）	5
	120℃×16h	6/4	2.5/5.5	51	8	6.6（100℃）12.8（120℃）	3.5 7
	100℃×88h	5/4	2/5.5	41	12.5	6（100℃）	3

四、应用效果

1. 试验井基本信息

强抑制性胺基钻井液体系在 Koulele G-1 井应用，此井为定向井于 2019 年 8 月 3 日开钻，井深 2150m，完井周期 33.67d，平均机械钻速 15.44m/h（表 4-27）。

表 4-27 胺基钻井液试验井基本参数表

	井型	井别	开钻时间	应用开次	应用层段	井深（m）	机械钻速（m/h）	搬家周期（d）	完井周期（d）	钻井成本（美元/m）
Koulele G-1	定向井	开发井	2019/8/3	二开	Recent- Madama	2150	15.44	5	33.67	1967.81

2. Koulele G-1 井与邻井平均机械钻速对比

Koulele G-1 井平均机械钻速 15.44m/h，与区块平均机械钻速(21.94m/h)相比，慢 29.63%。但是与同期实施井 Koulele G-2 井(2019 年 12 月 22 日开钻，2020 年 1 月 19 日完井，二开使用 KCl 聚合物钻井液体系)相比，平均机械钻速快 11.48%(图 4-29)。

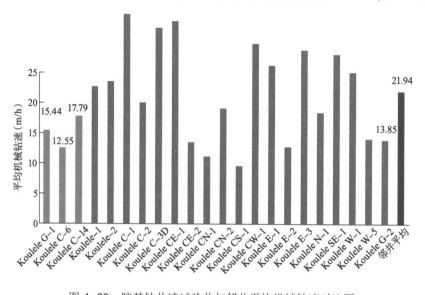

图 4-29 胺基钻井液试验井与邻井平均机械钻速对比图

3. Koulele G-1 井与邻井每米钻井成本对比

Koulele G-1 井每米钻井成本 1967.81 美元，与区块每米钻井成本(1492.07 美元)相比，升高 31.88%(图 4-30)。

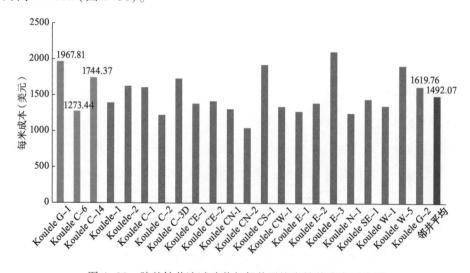

图 4-30 胺基钻井液试验井与邻井平均米钻井成本对比图

第三节 储层保护技术

一、储层伤害机理

1. 敏感性实验

Agadi-2 井敏感性实验结果见表4-28。

表4-28 Agadi-2 井敏感性实验结论

类型	样品	
	2009.05~2009.17m	2009.72~2010.00m
速敏	中等偏弱	弱
水敏	中等偏弱	中等偏弱
酸敏	强	极强
碱敏	中等偏弱	中等偏弱
盐敏	825mg/L	825mg/L

2. 储层伤害机理研究

（1）储层为中高孔隙度中高—特高渗透率油藏，孔隙发育程度高，连通性好，孔喉直径较大，容易受到固相颗粒伤害。储层段用重晶石加重，可能会加重对储层段的伤害，而且造成的伤害通过酸化等增产措施难以消除。

（2）黏土矿物含量高，高岭石为黏土矿物的主要成分，高岭石多呈隐晶质、分散粉末状、疏松块状集合体，吸水性强。高岭石是比较稳定的非膨胀性黏土矿物，一般不易水化分散。在外力作用下，层间会产生分散迁移(速敏)，伤害储层渗透率。

（3）含有一定量膨胀性的伊蒙混层，当接触钻井液滤液以后，如果滤液的矿化度不足以抑制伊蒙混层膨胀的话，其体积会膨胀数倍，对油藏造成严重的伤害。

（4）绿泥石含量较高，地层中的绿泥石是一种富铁绿泥石，它对油层的最大危害是对盐酸和富氧系统十分敏感，在油层进行酸化处理时，绿泥石会被盐酸溶解并释放出Fe^{3+}，当酸耗尽时，会形成氢氧化铁胶体沉淀。由于这种三价铁的粒度较大，一般要大于孔隙喉道，所以很容易堵塞喉道而伤害油层，使酸化工作失败。

（5）胶结物以方解石和黏土矿物为主，在酸化过程中，方解石易被酸溶，导致胶结松散，在开采过程中，散开的细微颗粒会被油流以及驱替相携带运移，堵塞通道，加剧颗粒运移伤害的程度。

（6）根据储层岩心渗透率分析可知，储层非均质性严重，部分储层渗透率低，孔喉微细，毛细管力强。当钻井液滤液进入储层以后，由于毛细管自吸能力进入储层，形成水相圈闭并且难以随油流返排，对储层造成长久的不利影响。

（7）部分储层岩性以夹杂着水敏性泥岩的页岩为主，容易发生井壁垮塌和缩径，导致卡钻等事故，对储层造成不利的影响。

（8）该井段岩性特点造成在这一层段的钻速较慢，容易造成井壁不规范或者井径扩大等事故，增加了钻井液对储层段的伤害时间，一定程度上加重了储层伤害。

根据研究可以看出，Agadem 油田钻井过程中储层伤害主要为储层固相侵入、水敏和水锁。为减少固相侵入地层可使用储层保护剂进行封堵。

二、储层保护剂钻井液添加剂 YRD-Ⅱ 性能分析及评价

1. 储层保护剂油溶率实验

油溶性树脂油溶率较高（表 4-29），其中的剩余残渣同样不溶于水，将残渣置于 15% HCl 溶液中，不溶，残渣可能会对储层造成难以消除的伤害。

表 4-29　油溶性树脂油溶率

G(g)	G1(g)	G2(g)	G3(g)	G4(g)	A1(g)	A2(g)	R(%)
3	0.482	0.739	0.477	0.497	0.257	0.02	92.1

注：G1：滤纸质量；G2：滤纸和残渣的总质量；G3：空白试验中滤纸的质量；G4：空白试验中滤纸和残渣的总质量；A1：残渣和溶剂残余物质量；A2：空白试验的残渣质量；R：储层保护剂油溶率。

2. 储层保护剂软化点的测定

从 60℃ 开始测储层保护剂的软化点，直到 90℃ 储层保护剂开始粘结，放置 2h，没有继续变化；100℃ 时，5min 后储层保护剂开始粘结，之后颜色由黄色变为略黑，15min 后开始软化（图 4-31）。储层保护剂的软化点较低，但是在储层条件下具有较好的强度，能够对储层暂堵。

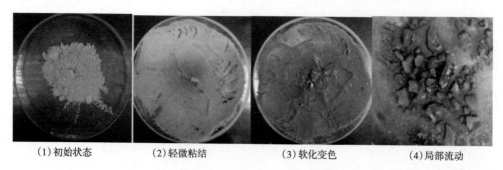

(1) 初始状态　　(2) 轻微粘结　　(3) 软化变色　　(4) 局部流动

图 4-31　储层保护剂软化点测定

三、储层保护钻井完井液体系优选和配方优化

1. 优化后钻井液配方

优化后的现场钻井液添加了降滤失剂，使滤失量进一步降低；以可酸溶石灰石代替重晶石加重，酸化后降低固相颗粒伤害；低孔隙度低渗透储层加入防水锁剂，降低水锁伤害。体系配方如下：

膨润土 2% + 0.15% NaOH + 0.3% Na_2CO_3 + 0.5% HV − CMC + 0.1% XC + 0.5NAPN + 0.5KPAM + 1%YRD − II + 0.2%ABSN(防水锁，低孔隙度低渗透储层使用) + 1.5%SMP − 1 + 2%褐煤 + 8%KCl + 石灰石

2. 储层优化后钻井液性能评价

优化后钻井液性能改善的目标是提高屏蔽暂堵能力，减少固相颗粒和钻井液滤液进入储层；使用易酸溶、油溶或者生物降解的钻井液材料，以保证不可避免进入储层的钻井液材料能够通过生产或者改造措施，消除其对储层的伤害；根据储层伤害因素分析，对原钻井液体系未考虑到的 pH 值以及水锁伤害等因素进行预防和改善。储层优化后钻井液各性能见表 4-30—表 4-36 及图 4-32 与图 4-33。

表 4-30　钻井液常规性能实验统计表

钻井液类型	常规性能				总固相含量(%)
	密度(g/cm³)	滤失量(mL)	滤饼厚度(mm)	pH 值	
优化后钻井液	1.20	4.2	0.5	9	10
低伤害钻井液	1.20	5.2	0.5	9	7

表 4-31　优化后钻井液稳定性(抗温、抗钻屑、抗盐、抗钙)实验

实验配方	Φ_{600}	Φ_{300}	$G_{10''}/G_{10'}$ (Pa/Pa)	API 滤失量 (mL)	滤饼厚度 (mm)	高温高压滤失量 FL_{HTHP}(60℃)	pH 值
原浆	59	41	3/7.5	4.4	0.5	9	9
60℃/16h 老化后	58.5	40	2.5/8	4.2	0.5	9	9
原浆+10%1#钻屑	65	45	2.5/8	3.6	0.7	9	9
原浆+4%膨润土	67	46	2/7.5	3.2	0.6	9	9
原浆+4%NaCl	67	39	2.5/8	2.4	0.5	10	9
原浆+0.1%CaCl₂	68	45	2.4/7	2.8	0.5	10	9
			热滚条件：60℃×16h				

表 4-32 低伤害钻井液(抗温、抗钻屑、抗盐、抗钙)实验

实验配方	Φ_{600}	Φ_{300}	$G_{10''}/G_{10'}$（Pa/Pa）	API 滤失量（mL）	滤饼厚度（mm）	高温高压滤失量 FL_{HTHP}(60℃)	pH 值
原浆	54	37	3/8	5.2	0.5	9	9
60℃/16h 老化后	55	38	4/8	4.2	0.5	9	9
原浆+10%1#钻屑	63	43	4/9	4	0.5	10	9
原浆+4%膨润土	60	41	4/8.5	4.4	0.5	11	9
原浆+4%NaCl	59	41.5	4/8	4.2	0.5	11	9
原浆+0.1%氯化钙	57	38	3.5/8	4.4	0.5	11	9
60℃/20d 生物培养	60	40	4/9	4.8	0.5	10	9
热滚条件：60℃×16h							

表 4-33 钻井液热滚回收率实验

钻井液体系	回收率试验	
	滚动温度(℃)	回收率(%)
清水	60	83.80
优化后钻井液	60	93.75
低伤害钻井液	60	92.68

表 4-34 钻井液线性膨胀实验

钻井液体系	岩心膨胀试验			
	试验时间(h)	岩心高度(mm)	最大岩心膨胀量(mm)	膨胀率(%)
清水	16	7.467	5.787	77.5
优化后钻井液	16	7.588	1.129	14.88
低伤害钻井液	16	7.497	1.121	14.95

表 4-35 钻井液润滑性评价

钻井液体系	密度(g/cm³)	摩阻系数	极压润滑性	评价
优化后钻井液	1.20	0.0012	0.18	摩阻系数和极压润滑性较低，润滑性良好
低伤害钻井液	1.20	0.0015	0.20	摩阻系数和极压润滑性较低，润滑性良好

表 4-36 钻井液滤饼渗透率

钻井液	常规性能					滤饼渗透率（μm²）
	密度(g/cm³)	漏斗黏度(s)	滤失量(mL)	滤饼厚度(mm)	pH 值	
优化后钻井液	1.20	57.	2.6	0.5	9.0	$2.3271×10^{-6}$
低伤害钻井液	1.20	53	5.2	0.5	9.0	$2.4464×10^{-6}$

图 4-32 优化后钻井液滤饼

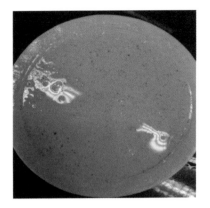

图 4-33 低伤害钻井液滤饼

四、储层保护效果评价

通过渗透率恢复与封堵实验评价了现场钻井液、加入 YRD-Ⅱ后现场钻井液、优化后钻井液的储层保护性能以及井壁屏蔽暂堵能力。通过实验得出优化后的钻井液体系储层保护效果最好(表 4-37)。

表 4-37 动态静态渗透率恢复值实验结果

序号	钻井液	初始渗透率(mD)	酸化前恢复渗透率(mD)	酸化前渗透率恢复值(%)	酸化后恢复渗透率(mD)	酸化后渗透率恢复值(%)
RZ-9	现场钻井液	2.141	1.583	73.94	1.720	80.27
RZ-10	现场钻井液+YRD-Ⅱ	1.971	1.590	80.63	1.781	90.36
RZ-11	优化后钻井液	2.413	2.223	92.14	2.781	112.78

分析 13 口使用储层保护剂 YRD-Ⅱ钻完井施工表皮系数结果,3 口为正值,明显伤害率为 23.53%,平均表皮系数为-1.24(表 4-38)。对比分析加入 YRD-Ⅱ前后的完钻井表皮系数,无论从明显伤害率还是平均表皮系数,加入 YRD-Ⅱ后都有所降低,说明 YRD-Ⅱ具有一定的储层保护作用,但从现场应用看,钻井液的储层保护性仍有提高的空间。

表 4-38 表皮系数分析表

类别	井数			平均表皮系数
	表皮系数为正	表皮系数为负	明显伤害率	
未使用 YRD-Ⅱ	4	11	26.67%	-0.90
使用 YRD-Ⅱ	3	10	23.07%	-1.24

第五章
固井技术

通过优选膨胀剂和防窜增韧剂，优化了水泥浆体系配方，形成的防窜韧性微膨胀水泥浆体系适用于尼日尔项目，该体系 24h 强度 24.5～35.0MPa，UCA 过渡时间 16～18min，膨胀率 1.5%～1.7%，具有良好的防窜性能，同时，配套形成了相应的提高固井质量的技术措施。现场应用表明，与前期相比固井质量得到明显改善。

第一节　固井难点

（1）地层中含高能流体，井下候凝环境不安定，发生油气水侵。

Yogou 层下部 Donga 层含页岩气，此层位钻井过程中频发气侵，候凝期间水泥浆失重后无法对地层有效压稳，活跃的地层流体侵入水泥环，严重影响水泥胶结质量。

以 2017 年施工的 Gani ND-1 井为例，经 Masterlog 图和试油解释图对比分析，2741～3131m 存在大段水层，且下部含有伴生气，候凝过程中发生严重的油气水侵，固井质量不合格（图 5-1—图 5-3）。

（2）低压低渗地层承压能力弱，易发生漏失。

Madama 层承压能力弱，当水泥封固段过长，环空当量密度大于地层破裂压力，在薄弱层位易发生漏失；循环洗井使用清水进行降黏降切，影响井壁稳定，同时不利于钻屑携带，井眼清洁度不高，顶替期间钻井液中固相及井壁冲刷下来的虚滤饼容易在窄间隙处堆积，憋漏薄弱地层，造成水泥低返和固井质量差。

2019 年 11 月 Faringa W-5 井油层固井顶替时发生地层漏失，共计漏失约 20m³，水泥低返约 500m，油顶以上无水泥，严重影响后期开采作业。

（3）第二界面微间隙导致层间窜流。

Yogou 层及 Donga 层含有大套的泥页岩，此类泥页岩在现场现用体系钻井液中易水化膨胀，固井候凝期间水泥浆水化吸水导致泥页岩水分减少，页岩收缩，第二界面形成微间隙。微间隙的形成不仅造成声幅质量差，还为可能的层间窜留形成通道。

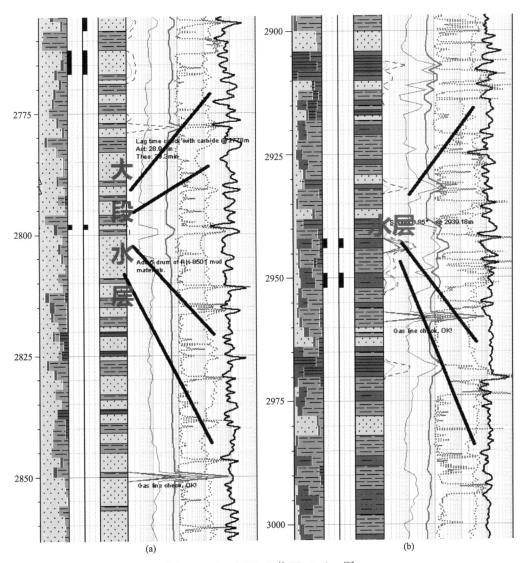

图 5-1　Gani ND-1 井 Masterlog 图

　　部分井固井施工后，现场无法按照中国石油固井技术规范标准 24h 或 48h 测固井质量。在修井作业时，首先进行刮管，将套管内原浆置换为盐水后再声幅测井，由于刮管和密度差影响，导致二界面产生微间隙。

　　（4）定向井井径不规则，顶替效率低。

　　定向井井眼不规则，尤其是低速泥岩段起下钻过程中该井段频发起钻超拉及下钻遇阻现象，处理过程中需要在该井段反复划眼，加剧了井径扩大率超标，部分井该段井径扩大率超过 100%，严重制约顶替效率，顶替时大肚子井眼内钻井液窜槽。部分定向井最大井斜 50° 以上，套管居中度难以保证，在拉力和自重左右下，大斜度井段套管与井壁大面积接触，套管严重偏心，窄间隙内钻井液不易被驱替干净，影响封固质量。

115	2741.3	2744	2.7		77.2	12.1	21.8	100	17.1	Water	
116	2746.6	2755.7	9.1		87.7	16.5	97.1	100	10.6	Water	
117	2757.2	2759.7	2.4		56.4	13.9	39.4	100	11.9	Water	
118	2762.9	2777.3	14.4		94.9	15.7	72.5	100	10.4	Water	
119	2778.5	2790.1	11.6		115.5	13.6	37.7	100	8.6	Water	
120	2790.7	2794.9	4.2		111.8	13	12.6	100	5.7	Water	
121	2795.6	2798.4	2.7		100.4	15.3	70.3	100	11.3	Water	
122	2800.1	2810.3	10.2		72.2	14.7	52	100	9.3	Water	
123	2811.3	2814.1	2.8		104.8	14.6	48.9	100	11.4	Water	
124	2816.6	2823.1	6.5		82.8	14.3	48.8	100	9.5	Water	
125	2823.8	2829.1	5.3		114.2	13.6	36.6	100	7.2	Water	
126	2830.4	2834.6	4.3		84.3	15.1	58.4	100	9.3	Water	
127	2835.2	2838.1	3		110.6	14.7	48.6	100	4.7	Water	
128	2839	2846.2	7.2		118.2	14.3	43.9	100	6.5	Water	
129	2847.3	2860.1	12.8		99.1	15.9	67.1	100	9.4	Water	
130	2860.8	2866.7	5.9		97.4	12.9	28.5	100	9.1	Water	
131	2867.3	2874.3	7		104.6	14	40.9	100	8.5	Water	
132	2875.3	2876.6	1.3		80.5	14	38.2	100	6	Water	
133	2881.5	2885.2	3.7		105.8	14.5	47.6	100	6.8	Water	
134	2886.8	2897.7	10.8		108.1	14.3	44.3	100	9.7	Water	
135	2900.9	2902	1.1		155.6	12.9	26.5	100	5.9	Water	
136	2902.8	2907.6	4.9		128.8	12.5	26.1	100	9.6	Water	YSQ3
137	2910.6	2911.2	0.6		47	19	173.3	100	28.1	Water	
138	2912.7	2920.6	7.9		125.5	16	76.1	100	15.2	Water	
139	2923.5	2924.6	1.1		82.3	14.7	52.3	100	14.2	Water	

140	2928.1	2934.6	6.6		104.1	16.7	115.5	100	12.5	Water	
141	2938.1	2941.4	3.3		157.1	14.4	46.9	100	9.7	Water	
142	2945	2946.3	1.3		167	14.1	44.4	42.2	12	Poss.Oil	
143	2952.4	2954.7	2.2		138.1	13.8	38.8	100	8.7	Water	
144	2956.7	2967.7	11		139.4	15.3	61.8	100	8.7	Water	
145	2974	2985.7	11.7		116.4	15.1	57.8	100	8.5	Water	
146	2987	2988.2	1.2		93.9	7.4	3.7	100	35.2	Water	
147	2989.9	2991.6	1.8		137.3	13.3	30.4	100	10.4	Water	
148	2994.6	2999.3	4.7		115.4	12.1	21.6	100	19	Water	
149	3000.4	3010.4	10.1		112.6	14.7	51.8	100	10.8	Water	
150	3032.2	3033.1	0.9		20.3	12.1	20.7	100	8.6	Water	
151	3044.7	3046.1	1.4	1.4	65.7	12.6	27.8	36.8	16.8	Oil	
152	3050.2	3051	0.8		53.1	2.2	0	100	22.9	Tight	
153	3052.1	3052.9	0.8	0.8	35.2	9.6	9.4	57.6	20.9	Poor.Oil	
154	3055.2	3056.4	1.2	1.2	34.8	8.1	4.8	66.2	17.8	Poor.Oil	YSQ2
155	3062.5	3063.1	0.6		19	10.9	12.7	100.0	21.5	Water	
156	3074.2	3077.3	3.1		13.4	12.5	27	100.0	10.6	Water	
157	3091.5	3092.2	0.7		15	15	67.7	100.0	27.2	Water	
158	3099.1	3107.7	8.6		18.7	14.9	65.8	100	16.3	Water	
159	3122.2	3131.1	8.9		26.4	15.1	60	100	5.3	Water	
160	3170.8	3172.5	1.7		33.6	3.7	0.2	100	33.8	Tight	
161	3184	3190.3	6.3		20.3	12.6	25.6	50.3	7.2	Poss.Oil	
162	3217.5	3218.1	0.6		37.3	0	0	100	36.9	Tight	
163	3222.3	3223.9	1.5		28	6	1.6	100	19.7	Water	

图 5-2　Gani ND-1 井试油解释图

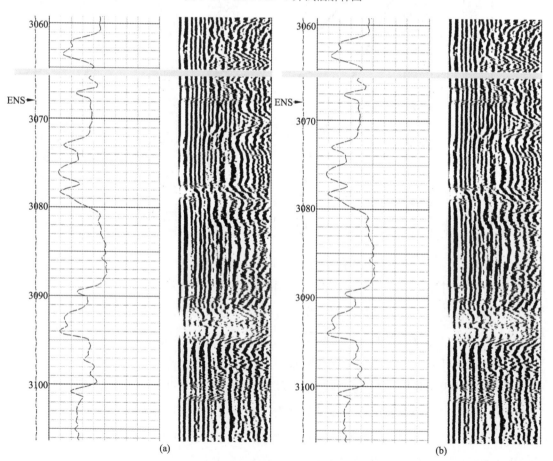

(a)　　　　　　　　　　　　(b)

图 5-3　Gani ND-1 井 3060~3100m 声幅/变密度测井图

第二节　水泥浆体系

2019 年，针对 Agadem 区块尾管水泥浆体系防窜性能较差的情况，通过实验优选水泥浆膨胀剂及防窜增韧剂，最终得到具有防窜增韧及膨胀性能的一套水泥浆体系。

一、膨胀剂

膨胀剂可以使水泥浆在固化时产生体积膨胀，克服水泥各组分水化后体系体积收缩的缺点，提高界面胶结质量，减少窜流发生，保证了固井质量。对国内部分膨胀剂的膨胀率进行评价，评价结果见表 5-1。

表 5-1　不同膨胀剂膨胀性能

序号	配方	塑性体膨胀率（％）75℃/0.1MPa	硬化体膨胀率（％）75℃/0.1MPa/48h	相对膨胀率（％）75℃/21MPa/48h	稠化时间（min）75℃/21MPa	游离液（％）
1	G 水泥+44%水+5%降失水剂	-2.75	-4.11	-3.64（净浆）	72	2.6
2	G 水泥+44%水+2%G40L+0.5%分散剂+5%降失水剂	0.82	0.62	2.23	58	0.4
3	G 水泥+44%水+2%EXC-3+0.5%分散剂+5%降失水剂	0.85	0.79	1.85	65	0.4
4	G 水泥+44%水+2%SYP-2+0.5%分散剂+5%降失水剂	0.91	0.66	1.95	82	0.6
5	G 水泥+44%水+2%SYP-3+0.5%分散剂+5%降失水剂	0.65	0.69	1.91	55	0.2
6	G 水泥+44%水+2%DZP-2+0.5%分散剂+5%降失水剂	0.97	0.88	3.17	62	0.6
7	G 水泥+44%水+2%BCP-1S+0.5%分散剂+5%降失水剂	0.94	0.79	2.19	51	0.6
8	G 水泥+44%水+2%DSE-2S+0.5%分散剂+5%降失水剂	1.05	0.30	2.09	79	0.6

续表

序号	配方	塑性体膨胀率（%）75℃/0.1MPa	硬化体膨胀率（%）75℃/0.1MPa/48h	相对膨胀率(%)75℃/21MPa/48h	稠化时间(min)75℃/21MPa	游离液(%)
9	G 水泥+44%水+2% GWP-100S+0.5%分散剂+5%降失水剂	—	0.84	3.83	85	0
10	G 水泥+44%水+2% GWP-100S+5%BCG-300S+0.5%分散剂+5%降失水剂	—	0.87	3.95	69	0

二、防窜增韧剂

防窜增韧剂 BCG-300S(图 5-4)是一种聚合物柔性防窜增韧的外加剂，通过在水泥浆中加入 BCG-300S 可形成抑制渗透的柔性聚合物薄膜，一方面可以防止流体侵入水泥浆柱中，起到防窜的效果；另一方面当受到外部冲击时可以分散一定的应力，增加了水泥石的变形能力，从而改善了水泥石的韧性。

图 5-4　增韧防窜剂 BCG-300S

防窜增韧剂 BCG-300S 的防窜试验结果和窜流测量装置见表 5-2 和图 5-5。

表 5-2　防窜增韧剂 BCG-300S 的防窜性能

序号	温度（℃）	BCG-300S 掺量（%BWOC）	静胶凝过渡时间（min）	气窜量（mL）
1	50	1.5	12	>100
2	50	3.0	14	0
3	50	4.5	6	0
4	80	1.5	20	>100
5	80	3.0	16	0
6	80	4.5	18	0

注：试验配方为水泥（100g）+水（44g）+降失水剂 GWF-01S（2g）+防窜增韧 BCG-300S（变量），依据《油井水泥外
加剂评价方法　第 5 部分：防气窜剂》（SY/T 5504.5—2010）标准检验。

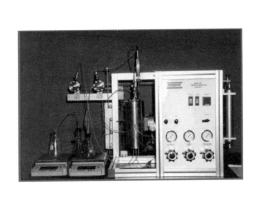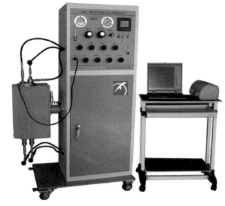

图 5-5　窜流测量装置

表 5-2 中第三组实验静胶凝过渡时间和气窜量曲线如图 5-6 和图 5-7 所示。

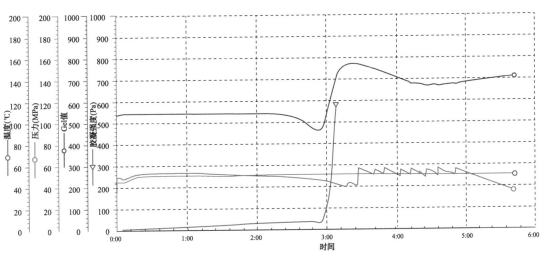

图 5-6　静胶凝过渡时间曲线

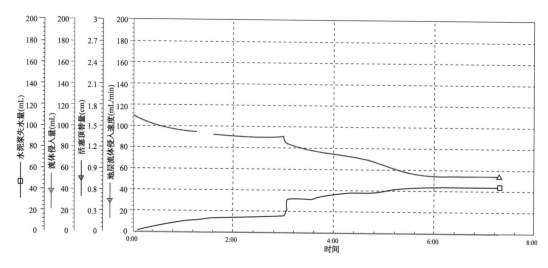

图 5-7　气窜量曲线

由表 5-2 和图 5-6、图 5-7 可知，不同温度下，随着 BCG-300S 掺量的加大静胶凝过渡时间减小，当 BCG-300S 掺量为 1.5% 时气窜量均大于 100mL，当 BCG-300S 掺量大于等于 3% 后气窜量均为 0。

加入防窜增韧 BCG-300S 的水泥浆体系力学性能见表 5-3。

表 5-3　防窜增韧剂对水泥浆力学性能影响

序号	BCG-300S 掺量（%BWOC）	围压 0MPa			围压 10MPa		
		峰值强度（MPa）	弹性模量（GPa）	弹性模量降低率(%)	峰值强度（MPa）	弹性模量（GPa）	弹性模量降低率(%)
1	0.00	64.02	9.05	0.00	75.69	9.46	0.00
2	4.50	59.08	8.46	6.43	75.26	8.96	5.29
3	7.50	49.91	7.52	16.91	66.61	8.31	12.16
4	15.00	41.21	6.66	26.41	58.49	7.44	21.35
5	30.00	27.83	4.68	48.29	42.82	6.01	36.47

注：水泥石养护条件 80℃、15MPa 下养护 7d。试验配方为水泥（100g）+水（44g）+降失水剂 GWF-01S（2g）+防窜增韧 BCG-300S（变量），《油井水泥外加剂评价方法　第 5 部分：防气窜剂》依据 SY/T 5504.5—2010 标准检验。

不同掺量 BCG-300S 的水泥石应力应变图如图 5-8 至图 5-11 所示。

由实验结果可知，随 BCG-300S 的加量增大水泥石弹性模量减小，这是由于加入防窜增韧 BCG-300S 的水泥浆体系具有一定的弹性[6]。随 BCG-300S 加量增大峰值强度降低，这是由于 BCG-300S 掺入到水泥浆中后可以均匀分散于水泥浆中形成连续的薄膜附着在水泥水化物表面，当受到外部冲击时可以分散一定的应力，增加了水泥石的抵御变形的能力，从而改善了水泥石的韧性。

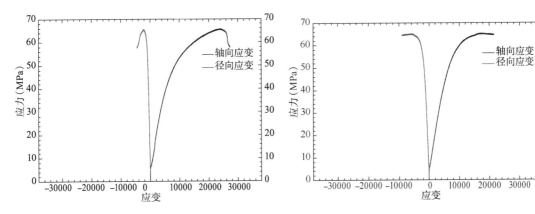

图 5-8 BCG-300S 掺量 0 时水泥石
应力应变图

图 5-9 BCG-300S 掺量 4.5%时水泥
石应力应变图

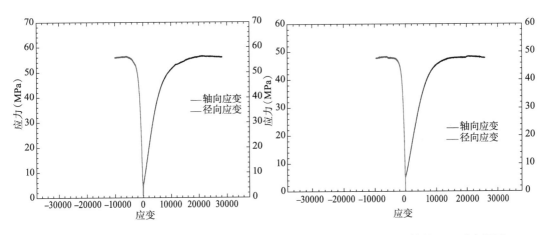

图 5-10 BCG-300S 掺量 7.5%时水泥
石应力应变图

图 5-11 BCG-300S 掺量 15%时水泥石
应力应变图

BCG-300S 不同掺量下水泥石膨胀实验结果见表 5-4。

表 5-4 BCG-300S 不同掺量下膨胀性能

序号	BCG-300S 掺量（%BWOC）	膨胀量（%）（75℃，常压，24h）
1	0	0.010
2	2	0.035
3	4	0.070
4	6	0.120

注：试验配方为水泥（100g）+水（44g）+降失水剂 GWF-01S（2g）+防窜增韧 BCG-300S（变量），依据《油井水泥外
加剂评价方法 第 5 部分：防气窜剂》（SY/T 5504.5—2010）标准检验。

由表5-4可得，随着BCG-300S掺量的增大水泥石膨胀量也增大，这是由于防窜增韧剂BCG-300S本身为高分子柔性聚合物，掺入水泥浆后，在水泥水化过程中，分散到水泥水化产物表面，吸水溶胀，聚合成膜，使得水泥石本身表现为体积膨胀。

通过对BCG-300S的试验可知，BCG-300S具有较好的防窜性能、力学性能和膨胀性能。

三、防窜增韧微膨胀水泥浆

防窜增韧微膨胀水泥浆体系主要由水泥、膨胀剂、防窜增韧剂和其他外加剂(降失水剂、密度调节剂、调凝剂、减阻剂、消泡剂)组成。通过实验优化水泥浆性能，水泥浆性能优化综合性能试验结果见表5-5。

表5-5 水泥浆性能优化综合性能试验

	温度(℃)	50	70	70	90	90	120	120	150
水泥浆材料配比	水泥	100	100	100	100	100	100	100	100
	GWY-500S	—	—	—	—	—	35	35	35
	BCG-300S	3.0	4.5	4.5	4.5	4.5	6.0	6.0	6.0
	BCF-200S	1.5	1.5	1.5	1.5	1.5	2.0	2.0	2.5
	GWR-200L	—	—	0.1	0.2	0.4	1.5	—	—
	GWP-100S	1	1	1	1	1	1	1	1
	BXR-200L	—	—	—	—	—	—	1.5	—
	BCR-300L	—	—	—	—	—	—	—	1.5
	G603	0.04	0.04	0.04	0.04	0.04	0.05	0.05	0.05
	H_2O	44	44	44	44	44	59.4	59.4	59.4
水泥浆综合性能	密度(g/cm³)	1.90	1.90	1.90	1.90	1.90	1.90	1.90	1.90
	初始稠度(Bc)	20	15	21	18	17	20	18	15
	稠化时间(min)	120	84	114	211	284	176	202	342
	失水(mL)	45	46	—	48	—	44	—	46
	游离液(%)	0	0	0	0	0	0	0	0
	24h抗压强度(MPa)	26	—	26.7	—	24.5	—	35.0	—

对于常规密度(1.90g/cm³)水泥浆，防窜增韧剂BCG-300S加量在3.0%~6.0%BWOC之间，降失水剂为GWF-01S掺量在1.0%~2.5%BWOC之间，温度在50~120℃时用BXR-200L等缓凝剂调节稠化时间，根据水泥浆的流变性添加GWD-100S、CF-40L等分散剂。不同配方的水泥浆体系初始稠度15~21Bc，稠化时间84~284min，游离液含

量为 0，24h 强度 24.5~35.0MPa。针对 Agadem 区块现场不同循环温度的水泥浆体系防窜性能见表 5-6。

表 5-6 最终优化的水泥浆体系及性能

循环温度（℃）	水泥浆配方	密度（g/cm³）	UCA 过渡时间（min）	气窜量（400psi）（mL）	稠化时间（min）50Bc/100Bc	游离液含量（%）	24h 膨胀率（%）
105	100% G 级+4%BXF-200L+4%BCG-300S+2%GWP-100S+0.4%BXR-200L+0.3%CF-40L+0.25%G603+40%水	1.90	18	0	190/192	0	1.7
85	100% G 级+2%BCF-200S+4.5%BCG-300S+1%GWP-100S+0.15%BXR-200L+0.25%G603+44%水	1.90	16	0	122/125	0	1.5

针对循环温度 105℃ 的配方 UCA 过渡时间 18min，气窜量（400psi）为 0，稠化时间 50Bc/100Bc 190min/192min，游离液 0，24h 膨胀率 1.7%；针对循环温度 85℃ 的配方 UCA 过渡时间 16min，气窜量（400psi）为 0，稠化时间 50Bc/100Bc 122min/125min，游离液 0，24h 膨胀率 1.5%。

第三节 固井技术措施

一、套管居中技术

1. 扶正器的优选

尼日尔项目固井施工中，对于套管柱居中的设计主要是设计扶正器的位置与间距，考虑因素主要有扶正器数量、井径规则情况、套管承受载荷、套管居中度不低于 67%。

根据不同种类的扶正器特点不同，弹性、刚性和半刚性扶正器（图 5-12）的优缺点不同（表 5-7），适用范围不同。其中，优选半刚性扶正器。

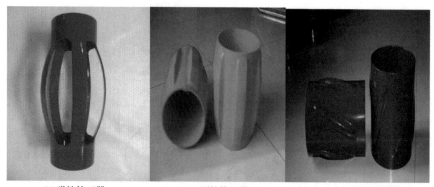

<table>
<tr><td>(a) 弹性扶正器</td><td>(b) 刚性扶正器</td><td>(c) 半刚性扶正器</td></tr>
</table>

图 5-12 套管扶正器

表 5-7 不同性质扶正器优缺点

扶正器	弹性扶正器	刚性扶正器	半刚性扶正器
优点	起动力小，复位力大，成本低	结构简单、安全可靠、强度高、现场应用方便、注水泥时能起到旋流作用、可广泛应用于直井和定向井及水平井中	兼具弹性和刚性的优点、压力大时可收缩，防止扶正器卡死在井筒
缺点	仅能使用在井斜较小井段，如需旋转套管则无法使用	缩径井段易下套管遇阻	不适用于水平井

2. 套管扶正器安放要求

现场扶正器的安放以保障目的层段(主力油层段)为主，弹性扶正器及刚性扶正器需要配合制动环使用，弹性扶正器避免安放在套管接箍位置。实际扶正器安放需根据现场井眼条件及电测结果进行调整。

扶正器推荐安放要求如下：

（1）井斜角<25°目的层段每 1 根套管安放 1 只弹性扶正器，非目的层段每 3 根安放 1 只弹性扶正器；

（2）25°<井斜角<45°目的层段每 1 根套管安放 1 只扶正器(弹性扶正器与半刚性扶正器交替使用)，非目的层段每 3 根安放 1 只弹性扶正器；

（3）井斜角>45°目的层段每 1 根套管安放 1 只扶正器(整体弹性一体式扶正器或半刚性扶正器)，非目的层段每 3 根安放 1 只弹性扶正器。

二、前置液

1. 前置液概述

前置液技术是指基于流变学原理，通过稀释、隔离钻井液，改变钻井液和水泥浆的相容性和流动性，提高水泥浆顶替效率的技术。前置液技术可以实现对井壁和套管壁上黏附的胶凝钻井液及钻井液滤饼的有效冲洗和驱替。有效清除钻井液是提高固井顶替效率的基础，也是保证水泥环与固井界面胶结质量的重要因素。前置液技术是固井作业中的常用技术。

前置液基于作用功能，分为冲洗液和隔离液。冲洗液主要用于稀释钻井液，清洗井壁油污和胶凝钻井液，改善固井环空界面亲水性能，提高环空界面与水泥环的胶结强度。隔离液主要用于隔离钻井液，防止水泥浆的污染和钻井液的絮凝稠化，有效提高水泥环胶结质量。

前置液技术适用于多种类型的固井作业中，特别应用在深井、复杂井固井中。

2. 组分

前置液分为冲洗液与隔离液，二者组成不同。冲洗液组成简单，以水和冲洗剂为主要组成；隔离液组成复杂，主要包括水、悬浮剂、分散剂、加重剂和消泡剂。现有的产品包括：冲洗剂 BCS-010L，悬浮剂 GWY-100S，分散剂 GWD-1S、CF-40S，加重剂 GWY-500S、GWY-600S、GWY-700S，消泡剂 GWX-1L、G603。

3. 性能特点

冲洗液性能特点：

（1）稀释作用：对多种类型的钻井液有明显的稀释作用，改善钻井液流动性；

（2）冲洗效率：对水基和油基钻井液冲洗效果好，冲洗效率超过80%；

（3）相容性：与多种类型的钻井液和水泥浆相容性良好，混浆均质稳定，没有明显的增稠现象；

（4）应用温度范围广，20~140℃。

隔离液性能特点：

（1）隔离作用：对多种类型的钻井液实现有效隔离，避免钻井液与水泥浆的接触污染；

（2）相容性：与多种类型的钻井液和水泥浆相容性良好，混浆均质稳定，没有明显的增稠现象；

（3）应用密度范围广，1.2~2.5g/cm^3；

（4）应用温度范围广，20~180℃；

（5）浆体稳定性好，顶端和底端密度差不超过0.1g/cm^3。

4. 前置液配方

1）冲洗液配方

冲洗液主要由水和冲洗剂组成。在冲洗液中阴离子、非离子和两性三种表面活性剂可以单独加入，也可以将三者复配使用。当复配使用时，阴离子和非离子表面活性剂分别占冲洗液总质量的 0.1%~1.5%，两性表面活性剂则占冲洗液总质量的 0.05%~0.54%。

冲洗液中的阴离子表面活性剂主要起分散包围黏土粒子的作用，使其由于静电斥力而不发生聚集沉降。这类表面活性剂主要有：(1)磺酸盐类表面活性剂，如联二苯磺酸及其衍生物以及烷基磺酸盐等；(2)一些盐类如十二烷基苯磺酸钠和羧酸胺的碱金属盐等。阴离子表面活性剂的用量随设计要求和冲洗液其他组分的含量而定，但作为一般规律来讲，其加量宜在 0.2%~1% 的范围。

冲洗液中使用的非离子表面活性剂包括脂肪醇聚氧乙烯醚、烷基酚聚氧乙烯醚、聚乙二醇类的羧酸酯等。其用量也取决于设计要求和体系中其他外加剂的使用情况。一般说来，以冲洗液总质量的 0.1%~1% 的比例加入较为合适。如果单独使用非离子表面活性剂(即不与阴离子表面活性剂复配使用)，则以 0.4%~1.5% 为佳。

现在两性表面活性剂在化学冲洗液中的应用越来越受重视，但其用量一般较小，并常与阴离子、非离子表面活性剂复配使用，加量以占体系总质量的 0.05%~0.54%，或占表面活性剂总用量的 3%~20% 较为合适。化学冲洗液中的两性表面活性剂一般为二烷基胺或三烷基胺同脂肪酸反应的水溶性产物。

GWY-100L 冲洗液选用烷基酚聚氧乙烯醚类非离子表面活性剂为主要原料。非离子型表面活性剂的亲水基端易吸附在油水界面、套管及井壁表面上。亲水基朝向水，表面得到充分润湿，使界面张力降低，油基钻井液在井壁或套管壁上的吸附能减小，有利于油污去除。随着非离子型表面活性剂在界面上的吸附。油基钻井液与水溶液井壁或套管壁与水溶液间的界面张力不断下降，接触角逐渐增大，而油基钻井液与套管壁或井壁的接触角越来越小，油基钻井液越来越易于除掉。随之非离子型表面活性剂对油基钻井液进行着乳化、增溶过程。由于包裹油污粒子的活性剂乳珠带相同电荷，且吸附一层水化膜，因而油污粒子不易聚结。能均匀地分散于水溶液中，加上紊流冲洗作用，故能把套管壁和井壁上的油基钻井液和滤饼清洗掉。

BCS-010L 冲洗液由一种阴离子表面活性剂及一种非离子表面活性剂组成。选择依据是阴离子表面活性剂具有很强的润湿渗透功能，使冲洗液能够很好地渗透到胶凝钻井液的内部，可以有效的提高固井界面的亲水性。选择非离子表面活性剂是因为其防止地层基质及套管表面再污染的能力强，有利于清洗固井界面油膜和胶凝钻井液。

2) 隔离液配方

隔离液的组成相对较多，主要包括悬浮剂、分散剂和加重剂。加重剂用来调节隔离液的密度，以满足现场应用需求；悬浮剂用于悬浮隔离液的加重材料，以保证浆体的稳定性；分散剂用于改善隔离液的流变性，在保证浆体稳定的前提下，最大程度地降低隔离液的黏度，提高其流动性。通过调整不同处理剂的加量，设计出一套完整的隔离液体系，用于满足现场的施工要求，隔离液体系组成设计及流变性能见表5-8—表5-10。

表5-8 隔离液体系组成设计

序号	密度 (g/cm³)	隔离液体系组成(g)					
		水	GWY-100S	GWY-500S	GWY-600S	GWY-100L	G603 L
1	1.25	100	4.0	45.0		10.0	0.5
2	1.6	100	4.5	145.0		10.0	0.5
3	1.8	100	4.5		152	10.0	0.5
4	2.05	100	5.0		230	10.0	0.5
5	2.25	100	5.0		270	10.0	0.5

表5-9 隔离液体系流变参数

序号	密度 (g/cm³)	六速旋转黏度计读数						流变参数	
		600r/min	300r/min	200r/min	100r/min	6r/min	3r/min	n	$k(Pa \cdot s^n)$
1	1.25	50	37	31	24	11	8	0.43	1.29
2	1.6	126	90	73	51	15	11	0.49	2.17
3	1.8	72	53	45	34	12	9	0.44	1.74
4	2.05	133	86	74	48	11	9	0.63	0.86
5	2.25	145	101	73	48	16	12	0.52	2.02

表5-10 隔离液流变性能随温度的变化(1.25 g/cm³)

序号	温度(℃)	六速旋转黏度计读数						流变参数	
		600r/min	300r/min	200r/min	100r/min	6r/min	3r/min	n	$k(Pa \cdot s^n)$
1	室温	95	60	46	29	5	3	0.66	0.50
2	75	50	37	31	24	11	8	0.43	1.29
3	80	42	27	21	14	2	1	0.64	0.25
4	84	39	24	18	12	2	1	0.70	0.16
5	94	35	20	16	10	2	1	0.74	0.11

3）前置液与水泥浆相容性的评价

冲洗液性能特点：与多种类型的水泥浆相容性良好，混浆均质稳定，没有明显的增稠现象。

隔离液性能特点：与多种类型的水泥浆相容性良好，混浆均质稳定，没有明显的增稠现象。

隔离液的相容性，是实现现场应用的重要技术指标之一。隔离液与常规水泥浆、钻井液具有良好的流变及稠化相容性(表 5-11—表 5-13)。

表 5-11 隔离液与低密度水泥浆流变相容性(30℃)

序号	类别	容积比	黏度计刻度盘读数						η_p	τ_0
			600r/min	300r/min	200r/min	100r/min	6r/min	3r/min	(mPa·s)	(Pa)
1	水泥浆/隔离液	100/0	—	—	280	180	43	22	—	—
2		95/5	282	178	139	92	19	12	129.0	25.0
3		75/25	139	85	66	43	7	4	63.0	11.2
4		50/50	70	43	33	22	4	3	27.0	8.2
5		25/75	68	42	31	20	5	4	26.0	8.2
6		5/95	57	38	30	21	5	4	19.0	9.7
7		0/100	48	32	25	17	4	3	16.0	8.2

注：隔离液组成：水 100g，BXR-200L 缓凝剂 0.6g，CF-40L 分散剂 2.0g，消泡剂 0.1g，GWY-100S 5.0g，GWY-500S 45g。

水泥浆组成：水 107g，BXR-200L 缓凝剂 0.6g，消泡剂 0.2g，G 级 100g，漂珠 65.7g，增强材料 GWE-3S 57.1g，BXF-200L 降失水剂 6.42g。

表 5-12 隔离液与高密度水泥浆混浆流动度实验

序号	混浆组成(%)			常温流动度(cm)	高温流动度(cm)
	水泥浆	钻井液	隔离液		
1		100		23	22.5
2	100			24	18.5
3			100	25	26
4	50	50		23	11
5	70	30		22	14
6	30	70		21	17
7	33.30	33.30	33.30	24	19.5
8	70	20	10	18	15.5
9	20	70	10	25	18.5
10	5		95	24	26
11	95		5	21	17

注：隔离液组成：水 100g，BXF-200L 降失水剂 5g，CF-40L 分散剂 5.0g，BXR-200L 缓凝剂 5.5g，消泡剂 0.4g，GWY-100S 4.0g，GWY-600S 260g。

水泥浆组成：水 50g，BXR-200L 缓凝剂 2.9g，BXF-200L，降失水剂 4g，GWT-300S 防气窜剂 5g，CF-40L 分散剂 2.7g，3 消泡剂 0.25g，G 级 100g，GWP-100S3g，GWY-600S 30g。

表5-13 隔离液与高密度水泥浆稠化相容性实验

序号	水泥浆	隔离液	稠化时间
1	100	—	388min
2	90	10	370min
3	70	30	>390min

注：实验温度133℃，压力80MPa。

4）前置液与钻井液的相容性评价

冲洗液性能特点：与多种类型的钻井液相容性良好，混浆均质稳定，没有明显的增稠现象；

隔离液性能特点：与多种类型的钻井液相容性良好，混浆均质稳定，没有明显的增稠现象；

（1）冲洗液与钻井液相容性。

冲洗液与钻井液的相容性见表5-14与表5-15。

表5-14 冲洗液与油基钻井液的相容性实验（60℃）

序号	混合类别	容积比	黏度计刻度盘读数						η_p (mPa·s)	τ_0(Pa)	n	k(Pa·s^n)
			Φ_{600}	Φ_{300}	Φ_{200}	Φ_{100}	Φ_6	Φ_3				
1	钻井液/冲洗液	100	223	139	113	79	35	32	84	28.1	0.7	1
2		95/5	216	132	98	77	32	29	84	24.5	0.7	0.8
3		75/25	100	62	43	26	6	5	38	12.2	0.7	0.4
4		50/50	24	12	8	5	3	2	12	0	1	0.01
5		0	4	2	1.5	0.5	0	0	2	0	1	0.02

表5-15 冲洗液与钻井液流变相容性实验（90℃）

序号	混合类别	容积比	黏度计刻度盘读数						PV (mPa·s)	动切力 YP (Pa)	n	k (Pa·s^n)
			Φ_{600}	Φ_{300}	Φ_{200}	Φ_{100}	Φ_6	Φ_3				
1	钻井液/冲洗液	100/0	50	31	24	16	7	6	19	6.1	0.69	0.21
2		95/5	51	32	24	16	7	5	19	6.6	0.67	0.25
3		75/25	132	81	61	38	8	6	51	15.3	0.70	0.51
4		50/50	103	70	57	42	18	15	33	18.9	0.56	1.11
5		25/75	68	44	35	23	7	5	24	10.2	0.63	0.45
6		5/95	36	25	18	12	3	2	11	7.2	0.53	0.48
7		0/100	31	20	16	10	2	1	11	4.6	0.63	0.20

注：钻井液密度1.2g/cm³；冲洗液含量5%，密度1.1g/cm³。

（2）隔离液与钻井液相容性。

隔离液与钻井液相容性见表5-16与表5-17。

表5-16　隔离液与钠盐聚合物钻井液流变相容性（20℃）

序号	类别	容积比	黏度计刻度盘读数						η_p (mPa·s)	τ_0 (Pa)
			Φ_{600}	Φ_{300}	Φ_{200}	Φ_{100}	Φ_6	Φ_3		
1	水泥浆/钻井液	100/0	35	27	23	20	17	15	8	9.7
2		95/5	39	27	22	17	10	9	12	7.7
3		75/25	48	30	23	15	4	3	18	6.1
4		50/50	63	41	32	21	7	5	22	9.7
5		25/75	73	50	41	30	12	11	23	13.8
6		5/95	77	55	45	34	15	13	22	16.9
7		0/100	73	52	44	33	15	14	21	15.8

注：隔离液密度1.20g/cm³；钻井液为氯化钾硅酸盐聚合物钻井液体系，密度1.20g/cm³。

表5-17　隔离液与氯化钾硅酸盐聚合物流变相容性（140℃）

序号	类别	容积比	黏度计刻度盘读数						η_p (mPa·s)	τ_0 (Pa)
			Φ_{600}	Φ_{300}	Φ_{200}	Φ_{100}	Φ_6	Φ_3		
1	钻井液/隔离液	100/0	38	21	15	8	2	1	17	2.0
2		95/5	37	21	14	7	2	1	16	2.6
3		75/25	38	21	15	8	2	1	17	2.0
4		50/50	40	23	16	10	2	1	17	3.1
5		25/75	39	23	17	10	2	1	16	3.6
6		5/95	43	26	20	12	4	3	17	4.6
7		0/100	44	27	20	12	3	2	17	5.1

注：隔离液组成：水100g，CF-40L分散剂5.0g，G603消泡剂0.1g，GWY-500S 4.0g，GWY-500S 170g。

　　钻井液组成：水100g，膨润土3g，PAC141 0.3g，SMP 3g，SMC 3g，XC 0.2g。重晶石150g。

　　实验过程：高温滚子炉中加热120min，降温至90℃测试。

5）冲洗液与隔离液相容性评价

冲洗液与隔离液相容性评价见表5-18。

表 5-18　冲洗液与隔离液相容性实验(25℃)

序号	混合类别	容积比	黏度计刻度盘读数						PV (mPa·s)	YP (Pa)	n	k (Pa·sⁿ)
			Φ_{600}	Φ_{300}	Φ_{200}	Φ_{100}	Φ_6	Φ_3				
1	隔离液/冲洗液	100/0	66	43	32	20	4	3	23	10.2	0.62	0.47
2		95/5	65	43	32	20	4	3	22	10.7	0.60	0.53
3		75/25	57	36	27	17	3	2	21	7.7	0.66	0.29
4		50/50	53	33	25	16	3	2	20	6.6	0.68	0.24
5		25/75	51	32	24	16	3	2	20	5.6	0.72	0.18
6		5/95	45	27	20	15	4	2	18	4.6	0.72	0.14
7		0/100	36	20	16	10	1	1	16	2.0	0.85	0.05

注：隔离液密度 1.5g/cm³；冲洗液含量 5%，密度 1.1g/cm³。

6) 前置液冲洗效率评价

冲洗液对钻井液的冲洗能力是一项重要的技术指标。性能优质的冲洗液能渗透到油基钻井液内部，有效地降低井壁和套管壁上钻井液的黏附程度，使其在接触时间内脱落清除，从而提高界面胶结质量。

用六速旋转黏度计测量冲洗效率的测定方法：配制好冲洗液，混拌均匀，并在常压稠化仪中加热至试验温度 70℃ ±1℃；卸下旋转黏度计的旋转外桶，称其质量 $W_0(g)$，将旋转黏度计旋转外桶刻度线以下部分用毛刷均匀涂上轻质原油，并称其质量 $W_1(g)$；旋转黏度计样品杯中装入制备好的冲洗液，其液面至样品杯刻度线，将旋转外桶放入装有冲洗液的黏度计样品杯里，使试样转子刻度线与黏度计样品杯中的清洗液液面平行；启动旋转黏度计，以 300/min 转速旋转 5min；取出试样转子并沥干水分，称其质量 $W_2(g)$。清洗效率计算公式：

$$\eta = \frac{W_1 - W_2}{W_1 - W_0} \times 100\%$$

式中　η——冲洗效率,%；

　　　W_0——旋转外桶质量，g；

　　　W_1——冲洗前混合样和旋转外桶质量，g；

　　　W_2——冲洗后混合样和旋转外桶质量，g。

BCS-010L 冲洗效率见表 5-19 与表 5-20。

表5-19 BCS-010L冲洗液体系(1.0g/cm³)冲洗效率(70℃)

序号	钻井液密度(g/cm³)	浓度(%)	冲洗时间(min)	冲洗效率(%)
1	1.0	5	5	95
2	1.2	5	5	93
3	1.6	5	5	92
4	1.8	5	5	90

表5-20 BCS-010L冲洗液(1.0g/cm³)对不同钻井液体系及原油、柴油冲洗效率

序号	钻井液体系	温度(℃)	浓度(%)	冲洗时间(min)	冲洗效率(%)
1	抗高温油包水型钻井液	70	5	5	92
2	全油基钻井液	70	5	5	94
3	某油田现场高密度油基钻井液	70	5	5	92
4	原油	70	5	5	95
5	柴油	70	5	5	97

从冲洗效率实验数据可以看出，本实验所研究出的清洗液添加剂具有优良的冲洗效果。如图5-13与图5-14所示为以原油为例的冲洗效果对比图。

图5-13 70℃清水冲洗后效果图   图5-14 70℃冲洗液冲洗后效果图

三、平衡压力高效顶替技术

1. 环空浆柱优化设计

坚持固井三压稳，确保全过程压稳油气层，保证井控安全及固井质量。

（1）固井前压稳：要求固井前确保压稳地层，井下处于良好的静态环境。

（2）固井过程中压稳：合理设计前置液密度和段长，在固井期间，要求高压层最低当量密度不得低于压稳密度，防止固井期间地层流体侵入井内。关注点 2250m 施工过程中 ECD 变化模拟曲线如图 5-15 所示。

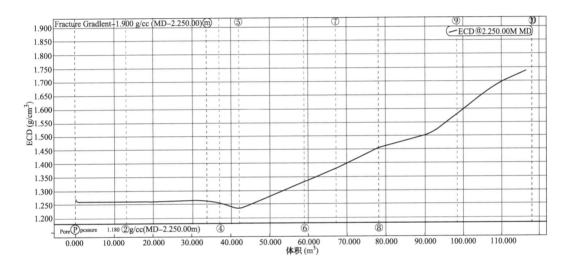

图 5-15　关注点 2250m 施工过程中 ECD 变化模拟曲线

（3）候凝过程中压稳：合理设计水泥浆浆柱结构，提高油层段尾浆失重后的当量密度，保证候凝期间的目的层当量密度不低于压稳密度。

2. 水泥浆失重后压稳技术

防窜的前提是环空液柱能够压稳气层。水泥浆到环空静止后，静胶凝强度随水泥的水化反应开始增长，静胶凝强度阻止液柱压力的传递，造成水泥浆"失重"。当作用于地层的浆柱压力降到低于地层压力的某一时刻，油气水就会逐渐进入环空间隙。解决油气水窜主要从两方面入手：一方面尽量保持环空液柱压力始终大于地层压力；另一方面增加水泥浆的流动阻力，减缓气体在水泥浆中的运移来弥补水泥浆柱压力的降低。所以压稳计算必须首先计算水泥浆"失重"压力，来调整水泥浆液柱结构。目前国内普遍认为领浆不失重，而尾浆完全失重，所以根据水泥浆的水化状态，分段计算液柱压力，结果会更接近实际情况。关注点 2250m 施工过程中及水泥浆候凝期间 ECD 变化模拟曲线如图 5-16 所示。

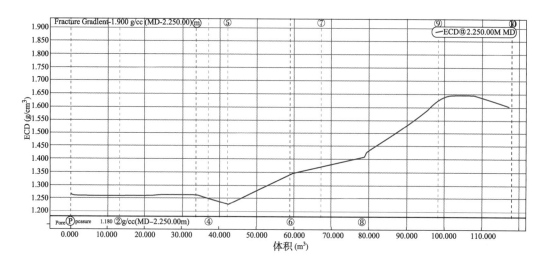

图 5-16　关注点 2250m 施工过程中及水泥浆候凝期间 ECD 变化模拟曲线

仍以 Idou-1D 井为例，表 5-21 为注水泥结束后静液柱压力情况表。

表 5-21　静液柱压力情况表

项目	密度 （g/cm³）	顶深（m）	底深（m）	垂深（m）	垂深厚度 （m）	分段压力 （MPa）
钻井液	1.2	0	200	200	200	2.4
前置液	1.02	200	550	550	350	3.57
领浆	1.8	550	1200	1200	650	11.7
中间浆	1.85	1200	1700	1628	428	7.918
尾浆	1.9	1700	2250	2060	432	4.32
静液柱压力						29.908

注：尾浆封固主力油藏以上 100m。

利用计算公式 $p=\rho gh$（p 为压强；ρ 为密度；g 为重力；h 为垂直深度）计算得出：当尾浆处于失重状态时，尾浆的密度为 $1.00\mathrm{g/cm^3}$，则环空静液柱压力为 29.908MPa，仍大于井内全部为钻井液时静液柱压力 24.72MPa，即可以压稳地层，保证油气水层无法窜至井内污染水泥浆，造成固井质量较差。

第四节 固井技术应用效果

一、尼日尔项目固井质量评价标准

尼日尔项目固井水泥环胶结质量评价方法应参照标准《固井质量评价方法》(SY/T 6592—2016),并依据 Agadem 油田相关标准执行,以声幅/变密度测井综合解释评价固井质量。经 CBL(声幅测井) 和 VDL(变密度测井) 测井后仍不能明确鉴定质量以及其他特殊情况下,可用扇区胶结测井或其他方法鉴定。

(1)胶结测井一般应在注水泥后 24~48h 进行。特殊工艺固井(尾管固井、低密度水泥固井等)和特殊条件固井(长封固段固井、高温井固井等)的胶结测井时间依据具体情况确定。

(2)胶结测井曲线必须测至油底以下 10m。

水泥环胶结质量解释标准见表 5-22 与表 5-23。

表 5-22 常规水泥浆固井水泥环胶结质量 CBL/VDL 综合解释标准表

测井结果		胶结质量评价结论
CBL 曲线	VDL 图	优质
0≤声幅相对值≤15%	套管波消失,地层波清晰连续优	优
15%<声幅相对值≤30%	套管波弱,地层波不连续	中
声幅相对值>30%	套管波明显	差

表 5-23 低密度水泥浆固井水泥环胶结质量 CBL/VDL 综合解释标准表

测井结果		胶结质量评价结论
CBL 曲线	VDL 图	优质
0≤声幅相对值≤20%	套管波消失,地层波清晰连续	优
20%<声幅相对值≤40%	套管波弱,地层波不连续	中
声幅相对值>40%	套管波明显	差

以 Goumeri W–4 井为例，2630～2640m CBL 5% 以内，套管波消失，地层波清晰连续，固井质量优质(图 5–17)。

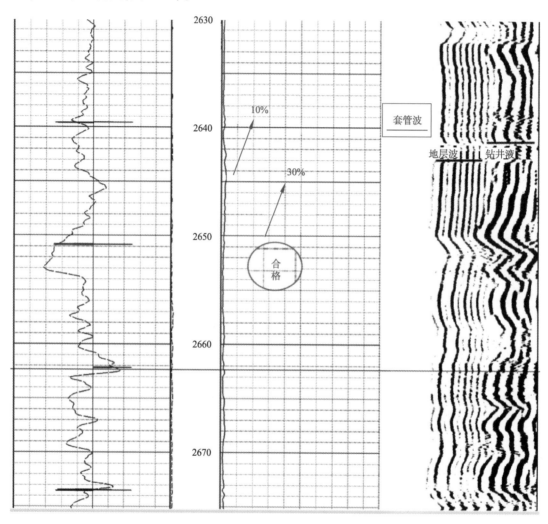

图 5–17　Goumeri W–4 胶结质量图

二、尼日尔项目固井效果评价

2009—2020 年 Agadem 区块固井质量统计情况如表 5–24 所示。固井质量合格率整体在 60% 以上，2011 年最低 69%，2018 年最高 100%，2012—2020 年平均固井质量合格率为 81%。固井质量合格率整体保持平稳，近两年(2019—2020 年)均达到 80% 以上。优质率方面，2018 年及以前(除 2017 年外)整体固井优质率低于 50%，2017 年、2019 年、2020 年固井优质率相对较高，为 59%～78%，2012—2020 年平均固井质量优质率为 44%，优质率近两年(2019—2020 年)稳步提高。

表 5-24 尼日尔 Agadem 区块油层固井统计

序号	年份	优质	合格	不合格	合计	合格率(%)	优质率(%)
1	2009	7	6	4	17	76	41
2	2010	5	24	8	37	78	14
3	2011	13	5	8	26	69	50
4	2012	14	15	7	36	81	39
5	2013	3	23	6	32	81	9
6	2014	14	20	10	44	77	32
7	2015	2	1	1	4	75	50
8	2016	2	1	1	4	75	50
9	2017	7	1	1	9	89	78
10	2018	1	2	0	3	100	33
11	2019	10	4	3	17	82	59
12	2020	12	3	2	17	88	71

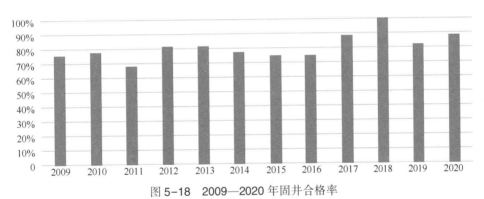

图 5-18 2009—2020 年固井合格率

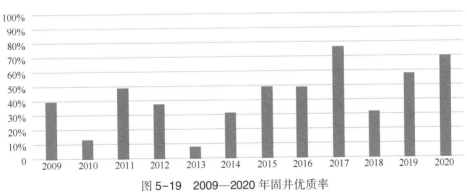

图 5-19 2009—2020 年固井优质率

三、典型案例

在同区块两口探井 Koulele W-5 井和 Trakes CN-1 井采用微膨胀防窜增韧水泥浆体系。两口井均为三开井身结构探井，三开尾管层均为 Yogou 地层，但井深相差较大，两口井井身结构如图 5-20 和图 5-21 所示。现场针对两口井不同地层温度分别配置的尾管水泥浆体系性能见表 5-25。

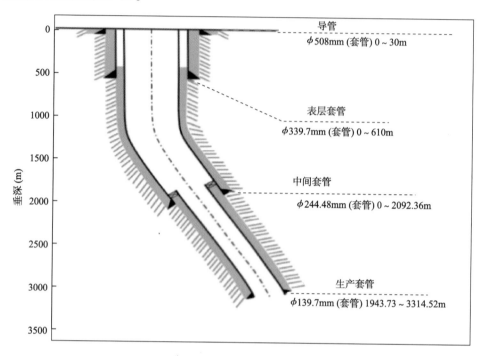

图 5-20　Koulele W-5 井井身结构

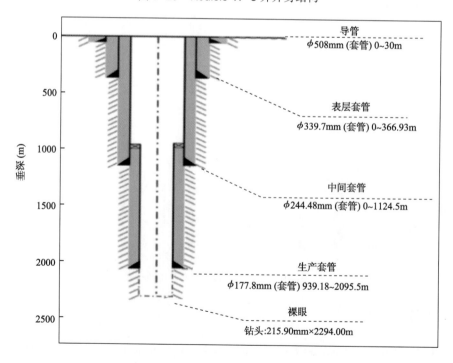

图 5-21　Trakes CN-1 井井身结构

表 5-25　尾管水泥浆体系性能

井号	循环温度(℃)	水泥浆配方	密度(g/cm³)	UCA 过渡时间(min)	气窜量(400psi)	稠化时间 50Bc/100Bc(min/min)	游离液(%)	24h 膨胀率(%)
Koulele W-5	95	100% G 级 + 3% BXF – 200L + 3.5% BCG – 300S + 2% GWP – 100S + 0.2% BXR – 200L + 40% 水	1.90	17	0	210/223	0	1.6
Trakes CN-1	85	100% G 级 + 2% BCF – 200S + 4.5% BCG – 300S + 1% GWP – 100S + 0.15% BXR – 200L + 44% 水	1.90	16	0	122/125	0	1.5

由表 5-25 可知，现场 Koulele W-5 井和 Trakes CN-1 井的尾管水泥浆体系试验，气窜量均为 0（400psi），稠化时间（50Bc/100Bc）分别为 210min/223min 和 122min/125min，UCA 过渡时间分别为 17min 和 16min（均小于 30min），膨胀率分别为 1.6% 和 1.5%。应用微膨胀防窜增韧水泥浆体系两口井固井声幅结果如图 5-22 和图 5-23 所示。

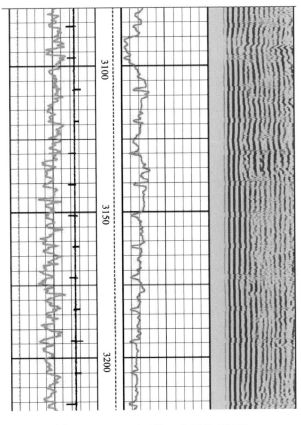

图 5-22　Koulele W-5 井固井声幅图

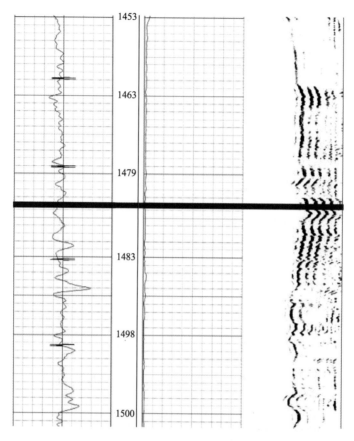

图 5-23　Trakes CN-1 井固井声幅图

　　Koulele W-5 井和 Trakes CN-1 井固井声幅结果表明 Koulele W-5 固井合格率 96%，优质率 30%，二界面胶结良好；Trakes CN-1 井固井合格率 100%，优质率 98.5%，二界面胶结优质。因此，与前期应用原水泥浆体系相比，Koulele W-5 井和 Trakes CN-1 井尾管应用优化的水泥浆体系固井质量得到明显改善。

第六章

钻井提速技术

第一节 地层特点

一、钻遇地层特点

1. 地质分层及岩性

Agadem 区块面积 27515.3km²，向北与 Tefidet 盆地和 Tenere 盆地相接，向南与 Benoue 断陷带北端的 Bornu 盆地相邻。该区块沉积了巨厚的中、新生代地层，岩性为泥岩、砂泥岩、粉砂岩、页岩，块状砂岩等。地层上部以大段泥岩为主，夹少量粗砂和粉砂岩，下部多以砂岩、砂泥岩互层为主，含少量粉砂岩。地质分层见表 6-1，油田目的层埋深以 Achigore Deep-1 断块埋藏最深，Dougoule-1 埋藏最浅，其他断块介于此两断块之间。

表 6-1 地质分层及岩性描述

地质年代	地层名称	地层岩性	油组	Koulelel CE 地层深度（m）	Dougoule-1 地层深度（m）
新近系	Miocene-Recent	上部大块砂岩夹薄层泥岩，下部砂泥岩互层		865	747
古近系	ArgilesSokor（S2）	灰色、深灰色泥岩夹薄砂岩层		1055	974
	LV Shale（E0）	泥页岩	E0	1244	1077
	Alter Sokor（S1）	灰色、深灰色泥岩，细砂岩，极细砂岩	E1-E5	1838	1792
上白垩系	Madama	砂岩夹薄层泥岩		2535	1807
	Yogou	上部大块泥岩，下部砂泥岩互层	Yogou	3400	

二、岩石力学特征

岩石可钻性及研磨性预测如图 6-1 所示。

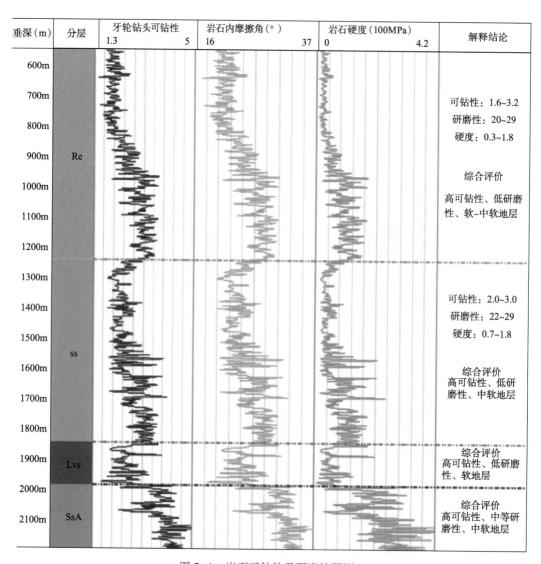

图 6-1 岩石可钻性及研磨性预测

利用测井资料建立地层岩石可钻性及研磨性剖面，模型借鉴岩石可钻性研究成果：

$$Kyl = 18.866 \times 10^{-0.0142} \times AC \tag{1}$$

$$KPDC = 52.325 \times 10^{-0.0359} \times AC \tag{2}$$

$$Py = 18515 \times 10^{-0.047} \times AC \tag{3}$$

$$Fang = \sin^{-1}\left[\,(v_p - 1000)/(v_p + 1000)\,\right] \tag{4}$$

式中　Kyl、KPDC——牙轮钻头和 PDC 钻头对应的岩石可钻性级值；

　　　Py ——岩石硬度值；

　　　Fang——岩石内摩擦角，(°)；

　　　AC——测井声波时差，us/ft；

v_p——声波速度，m/s。

由地层可钻性及研磨性综合分析来看，尼日尔项目大部分区块砂泥岩地层可钻性高，可钻性为 2~3，低—中等研磨性，软—中软地层主要采用 IADC 编码为 117、127 的牙轮钻头；下部泥岩只要采用 PDC 钻头钻进，IADC 编码为 M/S223。

第二节 钻头评价与优选

一、钻头技术概况

1. 主要钻头类型介绍

钻头是石油钻井中用来破碎岩石以形成井眼的工具，是石油、勘探以及各种钻探行业中不可缺少的重要工具。钻头按类型分为刮刀钻头、牙轮钻头、金刚石钻头和 PDC 钻头四种。按功用分为全面钻进钻头、取心钻头、特殊工艺钻头（扩眼钻头、定向造斜钻头等）。钻井中根据所钻地层性质合理选择和使用钻头，对提高钻井速度具有重要意义。目前，牙轮钻头和 PDC 钻头是石油钻井最常用的两种钻头。

1）牙轮钻头

牙轮钻头作为自 1909 问世应用最广泛的钻井钻头之一，具有适应地层广、机械钻速高的特点。牙轮钻头由切削结构、轴承结构、锁紧元件、储油密封装置、喷嘴装置等二十多种零部件组成。牙轮钻头按牙齿类型可分为铣齿（钢齿）牙轮钻头、镶齿（牙轮上镶装硬质合金齿）牙轮钻头；按牙轮数目可分为单牙轮、双牙轮、三牙轮和多牙轮钻头（图 6-2）。国内外使用最多、最普遍的是三牙轮钻头。

牙轮钻头工作原理：牙轮钻头在钻压和钻柱旋转的作用下，牙齿吃入岩石，同时产生一定的滑动并剪切岩石。当牙轮在井底滚动时，牙轮上的牙齿依次冲击、压入地层，这个作用可以将井底岩石压碎一部分，同时靠牙轮滑动带来的剪切作用清理牙齿间残留的另一部分岩石，使井底岩石全面破碎，井眼得以延伸。

牙轮钻头技术优势：在旋转时具有冲击、压碎和剪切破碎地层岩石的作用能够适应软、中、硬的各种地层。特别是在喷射式牙轮钻头和长喷嘴牙轮钻头出现后，牙轮钻头的钻井速度大大提高，是牙轮钻头发展史上的一次重大革命。

2）PDC 钻头

PDC（Polycrystalline Dlamond Compact Bit）钻头（图 6-3）是聚晶金刚石复合片钻头的简称。从 1973 年美国通用电气公司引入 PDC 切削齿，研制出第一支 PDC 钻头后，PDC

(a) 单牙轮钻头　　　　　　　(b) 双牙轮钻头　　　　　　　(c) 三牙轮钻头

图 6-2　牙轮钻头

图 6-3　PDC 钻头

钻头便以其钻速快、寿命长、进尺高等优势，在石油钻井中得到了广泛的应用。PDC 钻头早在 10 年前成为破岩主力，逐步取代了牙轮钻头，在钻井提速降本中发挥着重要作用。近年来，中国和美国 85% 以上的钻井进尺由 PDC 钻头完成，PDC 钻头已在石油钻头市场占据主导地位。

PDC 钻头由钻头体、PDC 切削齿和喷嘴等部分组成，按结构与制造工艺的不同分为钢体和胎体两大系列。刚体 PDC 钻头的整个钻头体都采用中碳钢材料并采用机械制造工艺加工成形。在钻头工作面上钻孔，以压入紧配合方式将 PDC 切削齿固紧在钻头冠部。钻头冠部采用表面硬化工艺(喷涂碳化钨耐磨层、渗碳等)进行处理，以增强其耐冲蚀能力。这种钻头的主要优点是制造工艺简单；缺点是钻头体不耐冲蚀，切削齿难以固牢，目前应用较少。胎体 PDC 钻头的钻头体上部为钢体，下部为碳化钨耐磨合金胎体，采用粉末冶金烧结工艺制造成型。用低温焊料将 PDC 切削齿焊接在胎体预留窝槽上。碳化钨胎体硬度高、耐冲蚀，因而胎体 PDC 钻头寿命长、进尺高，目前应用比较广泛。

PDC 钻头工作原理和技术优势：PDC 钻头是以切削方式破碎岩石，能自锐的切削齿在钻压的作用下很容易切入地层，在扭矩的作用下向前移动剪切岩石；多个 PDC 切削齿同时工作，井底岩石的自由面多，岩石在剪切作用下也容易破碎，因此破岩效率高，钻进速度快。国外一次下井钻井进尺纪录早已突破5000m，日进尺纪录突破2500m，单只钻头累计进尺纪录突破17900m。

2. 难钻地层钻头及配套技术研究进展

地层不均质性、钻头结构形状等因素引起井下钻具组合运动不均匀及钻头载荷不稳定，造成钻柱动载和振动是限制机械钻速和进尺提高最为显著的因素之一（深井占比40%），钻具振动分为三种类型，即轴向、横向及扭摆振动，其表现特征为跳钻、涡动及黏滑。通过钻头及配套技术提升，将有效振动能量转化为破岩能量，减振降耗，提高钻头破岩比能，是破岩工具的发展方向之一。

1）钻头

（1）非平面PDC切削齿钻头。

长期以来，PDC切削齿的切削面一直是平的。为进一步提高破岩效率和延长钻头使用寿命，近几年国内外钻头公司打破常规，颠覆传统，相继推出了多种非平面PDC切削齿（图6-4—图6-6），例如斯伦贝谢Smith钻头公司的StingBlade锥形切削齿、贝克休斯公司的凿形切削齿和StayCool多维切削齿以及中国石油休斯敦研究中心的Tridon切削齿，大大提高了钻头的抗冲击和抗磨损性能，提高硬地层冲击强度10倍、寿命11倍。StingBlade钻头已经在全球14个国家进行了超过250次的应用，与常规钻头相比，平均提高钻进尺寸55%，提高机械钻速30%；塔里木油田使用休斯敦中心研发的高效非平面齿PDC钻头在库车山前博孜103井钻井中，创下单日进尺78m、单只钻头总进尺429m、平均机械钻速每小时3m的3项纪录。

图6-4　带锥形切削齿的PDC钻头　　　图6-5　凿形切削齿

（2）混合齿钻头。

近几年，国内外持续推出一些新型切削齿，将传统牙轮与新型切削齿集成应用，形成混合齿钻头（图6-7）。通过优化牙轮和PDC的切削结构，能在降低钻压的同时提高钻头机械钻速。牙轮钻头的碳化钨镶齿能够切削更加坚硬的岩石，PDC钻头清除残

图 6-6 StayCool 多维切削齿

余的石屑，高效清洗井眼。两种切削结构的结合能够更好地控制工具面，并保护刀翼，降低扭矩波动，扭转震动减少 50%。钻井过程中，钻压分配合理，工具效率更高，可以减轻定向井工程师在井眼轨迹调整方面的工作量。贝克休斯研制的 Kymera 复合钻头在 Western Oklahoma 油田的 Atoka 到 Des Moines 井段大量的夹层应用，钻井周期从 82 天缩短到 25 天，每英尺费用减少 40% 左右。

图 6-7 混合齿钻头

（3）错排齿钻头。

Ulterra 钻井技术公司开发了 CounterForce PDC 钻头（图 6-8），采用切削齿成对错排的布齿方式，每对切削齿采用相反的侧向角度排列，这种排列方式能使钻头形成反作用力，减少钻头反扭矩、抑制振动、提高机械能利用效率和破岩效率。

在阿曼，作业者采用牙轮钻头钻 12¼in 的表层井段时，BHA 水平振动严重，机械钻速较低。传统 PDC 钻头在该井中也进行了多次试验，由于产生的扭矩较大，根本无法控制。最后采用钢制胎体、五刀翼、16mm 切削齿的 CounterForce PDC 钻头——Ulterra U516S，机械钻速达到 57m/h，相比牙轮钻头机械钻速 30m/h 来说，提高了 90%。

（4）自适应 PDC 钻头。

贝克休斯研发了自适应 PDC 钻头（图 6-9），钻头内设置切削齿吃入深度的控制装置，通过速度敏感模块伸缩来响应外部载荷的变化，可根据钻井环境自动调节吃入深度，在提高机械钻速的情况下，减少黏滑振动，拓宽稳定钻进的参数范围，提高钻进效率。

图 6-8 错排齿钻头

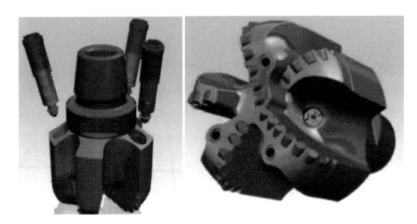

图 6-9 自适应钻头

（5）SpeedDrill 钻头 。

NOV 公司研制了一种 SpeedDrill 钻头（图 6-10），采用扩眼钻头与领眼钻头同心组合方式，小径领眼钻头先破岩释放岩石应力，同时节省了大径扩眼钻头的破岩能量。该钻头能够大大减少破岩能量，有效消除黏滑现象，提高机械转速。SpeedDrill 钻头已在英国火山岩地层得到应用，12 ¼in 井眼钻头进尺 1000m，平均机械钻速 11.3 m/h，机械钻速提高 20%以上。

二、已使用钻头评价

1. Agadem 区块钻头使用

Agadem 区块为主要开发区块，主要采用二开、三开直井、定向井井身结构，常用井

图 6-10 SpeedDrill 钻头

深结构如下。

二开定向井：ϕ609.6mm×ϕ508mm+ϕ374.7mm×ϕ273.1mm+ϕ215.9mm×ϕ177.8mm。

二开定向井：ϕ609.6mm×ϕ508mm+ϕ444.5mm×ϕ339.7mm+ϕ250.8mm×ϕ177.8mm。

二开直井：ϕ609.6mm×ϕ508mm+ϕ374.7mm×ϕ273.1mm+ϕ250.8mm×ϕ177.8mm。

二开直井：ϕ444.5mm×ϕ339.7mm+ϕ374.7mm×ϕ273.1mm+ϕ250.8mm×ϕ177.8mm。

三开井：ϕ609.6mm × ϕ508mm + ϕ444.5mm × ϕ339.7mm + ϕ311.2mm × ϕ244.5mm + ϕ215.9mm×ϕ177.8mm。

1）ϕ609.6mm 钻头使用情况使用情况

609.6mm 井眼全部为导管井眼，使用三牙轮钻头，导管井段一般设计为 30m，主要使用型号为 S114C、SKW111、W111（表 6-2）。2016 年至 2020 年 4 月已完钻井统计显示，35 口井共使用三种型号 10 只 ϕ609.6mm 钻头钻导管井段，主要钻井地层为 Recent 浅层疏松砂岩地层。三种型号 ϕ609.6mm 牙轮钻头平均进尺 101.43m，平均机械钻速 61.68m/h，平均使用时间 0.97h。

表 6-2 Agadem 区块 ϕ609.6mm 钻头使用情况

井名	型号	入井(m)	出井(m)	地层	进尺(m)	机械钻速(m/h)	钻时(h)
Idou-1D	W111	0	30	Recent	30	85.71429	0.6
Gani ND-1	W111	0	30	Recent	30	32.96703	1.16
Koulele W-5	W111	0	30	Recent	30	60	0.5
Faringa-6	W111	0	30	Recent	30	61.22449	0.74

续表

井名	型号	入井(m)	出井(m)	地层	进尺(m)	机械钻速(m/h)	钻时(h)
Koulele G-1	SKW111	0	30	Recent	30	60	1
Faringa W-3	S114C	0	30	Recent	30	120	0.75
Faringa W-5	S114C	0	30	Recent	30	120	0.35
Faringa W-6	S114C	0	30	Recent	30	66.67	0.72
Faringa W-4	SKW111	0	30	Recent	30	48.3871	0.74
Faringa W-10	SKW111	0	30	Recent	30	65.21739	0.71
Jaouro-4	SKW111	0	30	Recent	30	65.21739	0.71
Goumeri W-3	W111	0	30	Recent	30	60	1.25
Goumeri W-4	W111	0	30	Recent	30	60	1.5
Goumeri W-8	W111	0	30	Recent	30	60	1.25
Gololo W-6	SKW111	9.4	30	Recent	20.6	27.46667	1
Gololo W-8	SKW111	0	30	Recent	20.6	41.2	1
Gololo W-7	SKW111	0	30	Recent	20.6	41.2	1
Gololo W-9	SKW111	0	30	Recent	20.6	41.2	1
Koulele G-2	W111	0	30	Recent	30	40	1
Koulele C-5	SKW111	0	31	Recent	31	41.33333	1
Koulele C-13	SKW111	0	30.9	Recent	30.9	37.68293	1.07
Koulele C-12	SKW111	0	30	Recent	30	40	1.07
Agadi S-15	W111	0	30	Recent	30	60	1
Koulele C-7	SKW111	0	30	Recent	30	30	1.25
Koulele C-15	SKW111	0	30	Recent	30	60	0.75
Sokor-24	S114C	0	30	Recent	30	50	0.85
Sokor-23	S114C	0	30	Recent	30	60	0.75
Jaouro-8	SKW111	0	30	Recent	30	53.57143	0.81

续表

井名	型号	入井（m）	出井（m）	地层	进尺（m）	机械钻速（m/h）	钻时（h）
Faringa W-8	SKW111	0	30	Recent	30	52.63158	0.82
Koulele C-4	SKW111	0	30	Recent	30	60	1
Koulele C-20	SKW111	0	30	Recent	30	60	1
Koulele C-18	SKW111	0	30	Recent	30	30	1.5
Sokor-22	W111	0	30	Recent	30	40	1
Koulele C-6	SKW111	0	30	Recent	30	60	0.75
Koulele C-14	SKW111	0	30	Recent	30	60	0.75

各型号钻头性能表现如图 6-11 所示。

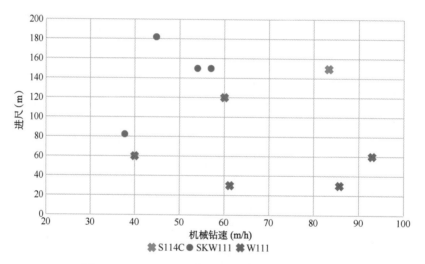

图 6-11　Agadem 区块 ϕ609.6mm 钻头使用效果

2）ϕ444.5mm 钻头使用情况

ϕ444.5mm 井段为导管及表层套管井段，主要钻遇 Recent 浅层疏松砂岩地层，采用牙轮钻头，型号为 W111、SKG115、GJ115C、GJ435G。

2016 年至 2020 年 4 月，共有 21 口井使用 ϕ444.5mm 钻导管井段，一般导管井段设计深度为 30m。21 口井使用了以上 4 种型号共 7 只钻头，具体情况见表 6-3。7 只钻导管井段的 ϕ444.5mm 钻头平均进尺 90.71m，平均机械钻速 84.74m/h，平均钻时 0.68hr。14 口井使用 7 只 ϕ444.5mm 钻头钻表层套管，型号为 SKG115、GJ435G，全部为牙轮钻头。表层套管通常设计为 600m，坐封 Recent 层中部稳定泥岩段。

表 6-3　Agadem 区块 ϕ444.5mm 钻头使用情况

井名	型号	入井(m)	出井(m)	地层	进尺（m）	机械钻速(m/h)	钻时(h)
NgouritiE-1	W111	0	31	Recent	31	75.61	0.75
CherifNE-1	W111	0	31	Recent	31	73.81	0.67
Koulele CW-1	GJ435G	0	30	Recent	30	60	1
Idou C-1	GJ435G	0	30	Recent	30	60	0.75
Agadi-18	SKG115	0	30	Recent	30	85.71	0.6
Agadi-20	SKG115	0	32	Recent	32	64	0.75
Bdou E-1	W111	0	30	Recent	30	63.83	0.72
Agadi S-5	GJ435G	0	30	Recent	30	96.77	0.56
Agadi S-19	GJ435G	0	30	Recent	30	83.33	0.61
Bokora E-1	GJ435G	0	30	Recent	30	136.36	0.47
Garana W-1	GJ435G	0	30	Recent	30	125	0.49
Agadi S-6	GJ435G	0	30	Recent	30	120	0.5
Agadi S-7	SKG115	0	30	Recent	30	120	0.5
Sokor-21	SKG115	0	30	Recent	30	120	0.25
Agadi S-12	GJ115C	0	30	Recent	30	75	0.75
Agadi S-16	GJ115C	0	30	Recent	30	60	0.75
Agadi S-8	SKG115	0	30	Recent	30	40	1.25
Agadi S-9	SKG115	0	31	Recent	31	62	0.75
Agadi S-10	SKG115	0	30	Recent	30	40	1
Agadi S-13	SKG115	0	30	Recent	30	40	1.25
Agadi S-17	SKG115	0	30	Recent	30	30	2

各型号钻头性能表现如图 6-12 所示。

3）ϕ374.7mm 钻头使用情况

2016—2019 年，尼日尔项目完钻 42 口井共使用了 16 只型号为 GA114 的 ϕ374.7mm 三牙轮钻头，钻遇地层主要为 Recent 砂岩地层（表 6-4）。已用 16 只 GA114 ϕ374.7mm 钻头平均进尺 574.87m，平均机械钻速 29.178m/h，平均钻时 31.95h。

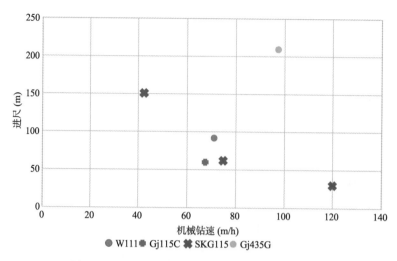

图 6-12 Agadem 区块 φ444.5mm 钻头使用效果

表 6-4 Agadem 区块 φ374.7mm 钻头使用情况

井名	入井(m)	出井(m)	地层	进尺(m)	机械钻速(m/h)	钻时(h)
NgouritiE-1	31	615	Recent	584.00	18.84	38.75
CherifNE-1	31	572.5	Recent	541.50	19.71	38.23
Koulele CW-1	30	550	Recent	520.00	31.31	23.86
Idou C-1	30	556.5	Recent	526.50	30.09	24.75
Agadi-18	30	568	Recent	538.00	19.26	36.69
Agadi-20	32	589.5	Recent	557.50	24.22	31.77
Bdou E-1	30	511	Recent	481.00	23.27	28.42
Agadi S-5	30	623.5	Recent	593.50	22.83	32.25
Agadi S-19	30	545.5	Recent	515.50	32.08	23.32
Bokora E-1	30	499.5	Recent, Sokor shale	469.50	27.67	24.47
Garana W-1	30	577.5	Recent, Sokor shale	547.50	24.58	30.52
Agadi S-6	30	578	Recent	548.00	21.29	30.99
Agadi S-7	30	603.17	Recent	573.17	34.22	26.00
Sokor-21	30	615.27	Recent	585.27	30.01	28.00
Agadi S-12	30	579	Recent	549.00	24.03	44.25

续表

井名	入井(m)	出井(m)	地层	进尺(m)	机械钻速 (m/h)	钻时(h)
Agadi S-16	30	601.8	Recent	571.80	23.81	42.25
Agadi S-8	30	601	Recent	571.00	27.00	28.65
Agadi S-9	31	590.5	Recent	559.50	31.08	29.75
Agadi S-10	30	599.5	Recent	569.50	22.91	31.61
Agadi S-13	30	598	Recent	568.00	25.82	29.25
Agadi S-17	30	604.2	Recent	574.20	26.51	29.16
Faringa W-3	30	672.5	Recent	642.50	50.99	30.25
Faringa W-5	30	707.6	Recent	677.60	51.88	27.81
Faringa W-6	30	695	Recent	665.00	33.33	24.54
Faringa W-4	30	707	Recent	677.00	29.85	31.93
Faringa W-10	30	695.6	Recent	665.60	27.97	32.55
Goumeri W-3	30	683	Recent	653.00	36.28	36.00
Goumeri W-4	30	651	Recent	621.00	46.00	31.50
Goumeri W-8	30	695	Recent	665.00	44.33	33.00
Koulele G-2	30	592	Recent	562.00	13.15	62.25
Agadi S-15	30	608.5	Recent	578.50	25.71	34.00
Koulele C-7	30	543	Recent	513.00	22.80	27.50
Koulele C-15	30	601	Recent	571.00	19.86	34.25
Sokor-24	30	636	Recent	606.00	32.42	32.19
Sokor-23	30	648.84	Recent	618.84	39.17	26.80
Faringa W-8	30	673.5	Recent	643.50	33.22	28.87
Koulele C-4	30	520.5	Recent	490.50	29.98	29.36
Koulele C-20	30	603	Recent	573.00	31.83	29.36
Koulele C-18	30	493.5	Recent	463.50	39.28	28.50
Sokor-22	30	625	Recent	595.00	37.19	29.50
Koulele C-6	30	606	Recent	576.00	19.36	42.50
Koulele C-14	30	573	Recent	543.00	19.93	36.25

各型号钻头性能表现如图 6-13 所示。

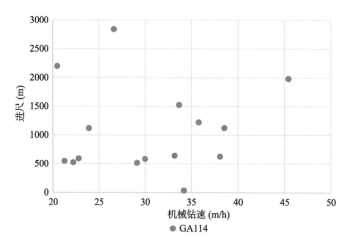

图 6-13　Agadem 区块 φ374.7mm 钻头使用效果

4）311.2mm 钻头使用情况

φ311.2mm 钻头主使用 HAT117G 型号三牙轮钻头及 KS1952SGR 型号 PDC 钻头，用于三开井身结构井中二开井段的钻进（表 6-5）。2016—2019 年 Agadem 区块的 2 口井共使用了 6 只 φ311.2mm 钻头，平均进尺 703.67m，平均机械钻速 8.07m/h。型号 HAT117G 三牙轮钻头，主要用于钻 Recent 层底部砂岩为主的砂泥岩交互层。型号 KS1952SGR 的 PDC 钻头主要用于钻 Sokor shale、Low velocity shale、Sokor Sandy Alternaces 泥岩等以为主的地层，也用于 Madama 层大段砂岩地层，及 Yogou 含气泥岩地层。

表 6-5　Agadem 区块 φ311.2mm 钻头使用情况

井名	型号	入井(m)	出井(m)	地　　层	进尺(m)	机械钻速 (m/h)	钻时 (h)
Gani ND-1	HAT117G	677	1212	Recent, Sokor Shales	535	10.43	70.04
Gani ND-1	KS1952SGR	1212	2745	Sokor Shales, Low velocity shale, Sokor Sandy Alternances, Madama, Yogou	1533	11.01	230
Koulele W-5	KS1952SGR	610	1420	Sokor Shales	810	18.51	70.75
Koulele W-5	KS1952SGR	1420	1618	Recent, Sokor Shales, Low velocity shale, Sokor Sandy Alternances	198	8.25	41.5
Koulele W-5	HAT117G	948	1040	Sokor Sandy Alternances	92	2.79	33

续表

井名	型号	入井(m)	出井(m)	地　　层	进尺(m)	机械钻速(m/h)	钻时(h)
Koulele W-5	HJ517G	1040	1117	Sokor Shales	77	2.66	40.25
Koulele W-5	KS1952SGR	1117	1991	Sokor Shales, Low velocity shale, Sokor Sandy Alternaces	874	8	167.75
Koulele W-5	KS1952SGR	1991	2094	Sokor Sandy Alternaces, Madama	103	10.84	33

各型号钻头性能表现如图 6-14 所示。

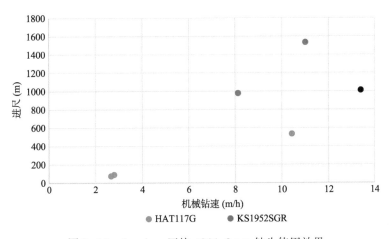

图 6-14　Agadem 区块 φ311.2mm 钻头使用效果

5) 250.8mm 钻头使用情况

Agadem 区块 25 口井共使用了 31 只 φ250.8mm 钻头,其中包括 2 种型号 18 只 PDC 钻头及 5 种型号 13 只牙轮钻头(表 6-6)。Agadem 区块多为二开井身结构井,二开主要钻遇 Sokor Shale、Low velocity shale 泥岩地层,Sokor Sandy Alternaces 砂岩含油气储层,Madama 大段砂岩地层及 Yogou 含气砂泥岩互层。Agadem 区块二开井段相对较长,约 1680m,各地深度跨度大,且钻遇地层岩性变化大。早期由于钻头选型及井下工具应用限制,单井使用 1~2 只 PDC 钻头,近期井采用"一趟钻"工艺,平均采用 1 只 PDC 钻头。

表 6-6　Agadem 区块 φ250.8mm 钻头使用情况

井名	型号	入井(m)	出井(m)	进尺(m)	机械钻速(m/h)	钻时(h)
Bokora E-1	HA117	499.5	1337	837.5	7.10	70.77
Garana W-1	HA117	577.5	1360	782.5	16.93	57.75

续表

井名	型号	入井(m)	出井(m)	进尺(m)	机械钻速(m/h)	钻时(h)
Idou-1D	HA117G	586.5	1070	483.5	13.02	48.57
Koulele CW-1	HA117G	550	1166	616	23.86	59.54
Idou C-1	HA117G	556.5	1213	656.5	24.68	59.75
Agadi S-5	HA117G	1845	1962	117	14.40	44.4
Agadi S-5	HA117G	2022	2082	60	19.67	26.96
Agadi S-19	HA117G	545.5	1271	725.5	17.68	47.13
Idou-1D	HA117G	1114	1252	138	17.06	36.3
NgouritiE-1	HA117G	615	1281	666	14.37	135.12
CherifNE-1	HA117G	572.5	1100	527.5	11.67	127.91
Bdou E-1	HA117G	511	1060.95	549.95	13.72	108.89
Agadi-20	HA117G	589.5	731	141.5	10.00	12.85
Agadi S-5	HA437G	2082	2130	48	16.15	17.45
Idou C-1	HJ117	1224	1450	226	12.16	30
Idou C-1	HJ437G	1548	1910	362	2.00	68.25
Koulele G-1	KS1952GR	495	2150	1655	4.96	153
Goumeri W-3	KS1952GR	683	2798	2115	13.06	244
Gololo W-6	KS1952GR	586.8	2590	2003.2	23.18	152.22
Gololo W-9	KS1952GR	576	2506	1930	13.80	161.95
Agadi S-19	SP605	1271	2100	829	16.40	87.31
Bokora E-1	SP605	1337	1960	623	26.91	56.42
Garana W-1	SP605	1360	2300	940	21.65	73.67
Sokor-21	SP605	615.27	1950	1334.73	17.65	120.75
Agadi S-7	SP605	603.17	2083	1479.83	14.41	175.5
Faringa-6	SP605	617	3120	2503	11.22	324.2
Gololo W-8	SP605	632.8	2588	1955.2	17.80	265.78
Idou-1D	SP605	1070	1114	44	13.72	12.65

续表

井名	型号	入井(m)	出井(m)	进尺(m)	机械钻速(m/h)	钻时(h)
Idou-1D	SP605	1252	2250	998	17.64	90.81
Koulele CW-1	SP605	1166	2110	944	7.10	112.35
Idou C-1	SP605	1213	1224	11	16.93	12
Idou C-1	SP605	1450	1548	98	13.02	28.75
Idou C-1	SP605	1910	2070	160	23.86	23.5
Agadi-20	SP605	731	2136	1405	24.68	113.61
Agadi S-5	SP605	623.5	1845	1221.5	14.40	114.24
Agadi S-6	SP605	578	2120	1542	19.67	142.8
Koulele C-20	SP605	603	1489	886	17.68	213.45
Agadi S-15	SP605	608.5	2086	1477.5	17.06	125.75
Gololo W-7	SP605	680.2	2634	1953.8	14.37	213.92
NgouritiE-1	SP605/S223	1281	2290	1009	11.67	124.26
CherifNE-1	SP605/S223	1100	2080	980	13.72	118.81
Agadi-18	SP605/S223	568	2090	1522	10.00	139.27
Bdou E-1	SP605/S223	1060.95	2163	1102.05	16.15	144.36
Agadi S-16	SP605/S223	660	2079	1419	12.16	140.94

使用的 ϕ250.8mm 牙轮钻头型号有 HA117、HA117G、HA437G、HJ117 以及 HJ437G，平均进尺 533.65m，平均机械钻速 11.74m/h，平均钻时 61.85h。

已用 PDC 钻头的主要型号为 KS1952GR 以及 SP605，平均进尺 1896.71m，平均机械钻速 16.92m/h，平均钻时 161.16h。

由此可知，PDC 钻头各项指标明显优于牙轮钻头。

各型号钻头性能表现如图 6-15 所示。

6. 215.9mm 钻头使用情况

Agadem 区块 2016—2020 年共有 31 口井使用了 ϕ215.9mm 钻头（表 6-7），主要用于二开及三开，钻遇地层与 ϕ250.8mm 钻头类似，主要钻遇 Sokor Shale、Low velocity shale 泥岩地层，Sokor Sandy Alternaces 砂岩含油气储层，Madama 大段砂岩地层，以及 Yogou 含气砂泥岩互层。平均每井使用 1~2 只 ϕ215.9mm 钻头。

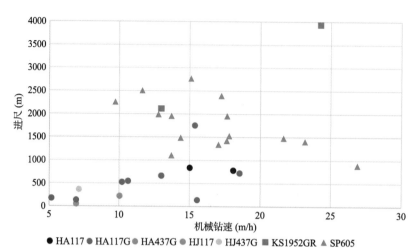

图 6-15　Agadem 区块 φ250.8mm 钻头使用效果

33 口井使用了 PDC 钻头，型号为 MS1653GU、M1653GU、SP1675、GS516 及 SP605，平均进尺为 2004.96m，平均机械钻速 21.37m/h，平均钻时 128.40h。

表 6-7　Agadem 区块 φ215.9mm PDC 钻头使用情况

井名	型号	入井（m）	出井（m）	地　　层	进尺（m）	机械钻速（m/h）	钻时（h）
Koulele C-4	MS1653GU	520.5	2271	Sokor shales，Low velocity shale，Sokor sandy Madama	1750.5	38.30	105.24
Sokor-23		648.84	2094	Recent／Sokor shales／Low velocity shales／Sokor sandy Alternances	1445.16	26.44	83
Koulele C-7		543	2295	Recent，sokor shales Low velocity shales Sokor sandy Alternances	1752	18.06	150.64
Koulele C-15		601	1530	Recent，sokor shales Low velocity shales Sokor sandy Alternances	929	16.74	100.9
Koulele C-14		573	1726	Recent，sokor shales Low velocity shales Sokor sandy Alternances	1153	16.65	188.26
Faringa W-3	M1653GU	685	2454	Recent／Sokor shales／Low velocity shales／Sokor sandy Alternances	1769	20.03	163.27
Jaouro-4		578	2326	Recent，Sokor shales，Low velocity shale，sokor sandy，Madama	1748	20.02	118.19
Faringa W-8		676	2353	Recent，Sokor shales，Low velocity shale，sokor sandy	1677	14.68	112.59
Goumeri W-8		695	2506	Recent，Sokor shales，Low velocity shale，sokor sandy alternances	1811	18.43	158.3

续表

井名	型号	入井 （m）	出井 （m）	地　　层	进尺 （m）	机械钻速 （m/h）	钻时 （h）
Goumeri W-8		2506	2908	sokor sandy alternances	402	11.01	149.83
Jaouro-8		612	1849	Recent，Sokor shales，Low velocity shale，sokor sandy	1237	20.18	181
Faringa W-5		723	2630	Recent/Sokor shales/Low velocity shales/Sokor sandy Alternances	1907	19.26	56.25
Faringa W-6		695.5	2390	Recent/Sokor shales/Low velocity shales/Sokor sandy Alternances	1694.5	22.010	167.5
Goumeri W-4	M1653GU	651	2585	Recent，Sokor shales，Low velocity shale，sokor sandy	1934	20.15	75.5
Goumeri W-4		2585	2960	Recent，Sokor shales，Low velocity shale，sokor sandy	375	9.49	196.25
Sokor-24		636	2120	Recent/Sokor shales/Low velocity shales/Sokor sandy Alternances	1484	22.15	80.5
Sokor-22		625	2193	Recent，Sokor shales，Low velocity shale，sokor sandy	1568	32.16	52.63
Koulele W-5		2109	3317	Madama，Yogou	1208	8.26	49.75
Agadi S-10		599.5	2242	Recent，Sokor shales，Low velocity shale，sokor sandy	1642.5	20.16	162.5
Agadi S-13		598	1795	Recent，Sokor shales，Low velocity shale	1197	19.46	82
Agadi S-9		590.5	2072	Recent，Sokor shales，Low velocity shale，sokor sandy	1481.5	22.08	98.41
Agadi S-13		1795	2141	Low velocity shale，sokor sandy	346	23.19	95.04
Agadi S-17		624	2231	Recent、Sokor shale、low velocity shale、Sokor sand	1607	21.527 12659	154.7
Koulele C-6	SP1675	606	2384	Recent，sokor shales Low velocity shales Sokor sandy Alternances Madama	1778	12.198 97084	213.45
Koulele C-6		655	2363	Recent，sokor shales Low velocity shales Sokor sandy Alternances Madama	1708	11.386 66667	119
Gani ND-1		2804	3250	Yogou	446	5.3126 86123	109.25
Faringa W-4		732	2172	Recent，Sokor shales，Low velocity shale，sokor sandy	1440	20.471 99318	193.5
Faringa W-10		721	2399	Recent，Sokor shales，Low velocity shale，Sokor sandy	1678	17.290 05667	220.5
Agadi S-12		1071	2108.43	Recent，Sokor shales Low velocity shales Sokor sandy Alternances	1037.43	21.882 09239	105.25

续表

井名	型号	入井 （m）	出井 （m）	地　　层	进尺 （m）	机械钻速 （m/h）	钻时 （h）
Agadi S-8	SP605	601	2186	Recent，Sokor shales，Low velocity shale， Sokor sandy alternaces	1585	21.895 2894	150.64
Koulele G-2	GS516	592	2302	Recent，Sokor shales，Low velocity shale，Sokor sandy	1710	13.93	107.45
Koulele C-13		585.5	1700	Recent，Sokor shales，Low velocity shale，Sokor sandy	1114.5	47.08	185.75
Koulele C-12		552	1658	Recent，Sokor shales，Low velocity shale， Sokor sandy	1106	48.21	66
Koulele C-5		598.5	2116	Recent，Sokor shales，Low velocity shale，sokor sandy，Madama	1517.5	24.28	112.5

各型号钻头性能表现如图 6-16 所示。

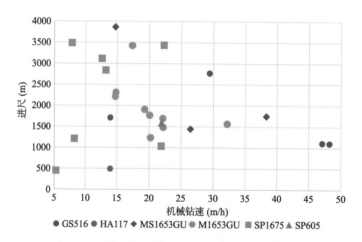

图 6-16　Agadem 区块 φ215.9mm 钻头使用效果

2. Bilma 区块钻头使用

Bilma 区块 2016—2019 年共完钻 5 口井，全部为探井。除 Boul-1D 井为二开井身结构外，其余 4 口井均采用三开井身结构。Trakes CN-1 井、Trakes NE-1 井及 Grein W-1 井完钻地层为 Basement 基岩花岗岩地层。

φ311.2mm 井眼主要使用 KS1952SGR、GS519 或 SP605 PDC 钻头，配合 HJ517G 或 HA437G 牙轮钻头通井，主要钻遇 Madama、Yogou、Donga 层。Donga 层可钻性较差，Trakes NW-1 井在该层消耗 5 只牙轮钻头及 1 只 PDC 钻头，钻头消耗量大。φ311.2mm 钻头平均进尺 378.46m，平均机械钻速 13.91m/h，平均钻时 106.57h。

Bilma 区块 5 口探井生产套管井段全部使用 φ215.9mm 钻头。5 口井共使用 14 只 φ215.9mm 钻头，主要采用 GS516、GS816、SP1675 PDC 钻头，配合 HA117、HA517G 等牙轮钻头通井(表 6-8)。φ215.9mm 井段钻遇下部 Madama、Donga、K1、Basement 地层，平均进尺 403.20m，平均机械钻速 7.94m/h，平均钻时 75.49h。

表 6-8 Bilma 区块钻头使用情况

井名	编号	尺寸	型号	入井 (m)	出井 (m)	地层	进尺 (m)	机械钻速 (m/h)	钻时 (h)
Boul-1D	1	444.5	GJ435G	0	30.5	Recent	30.50	40.67	1.00
	2	374.65	GA114	30.5	489	Recent	458.50	14.67	43.75
	3	215.9	HA117	489	512	Recent, Sokor shale	23.00	9.20	5.00
	4	215.9	HA117	512	906	Sokor shale, Low velocity shale, Sokor sandy	394.00	14.59	37.00
	5	215.9	SP1675	906	1540	Sokor sandy, Madama	634.00	12.94	70.75
	6	215.9	HA117	1540	1560	Madama	20.00	4.71	11.25
Trakes CN-1	1	609.6	S114C	0	30	Recent	30.00	120.00	0.50
	2	444.5	SKG115	30	367.43	Recent/Low velocity shales	337.43	26.73	18.12
	3	311.15	KS1952 SGR	367.43	1125	Sokor sandy Alternances/ Madama/Yogou	757.57	14.56	68.53
	4	311.15	HA117G	Wiper trip					
	5	215.9	SP1675/ S123	1125	1906	Yogou/Donga	781.00	11.85	85.38
	6	215.9	HJT537G	1906	2020	Donga	114.00	3.35	46.76
	7	215.9	GS816	2020	2294	Donga, Basement	274.00	5.83	71.96
Trakes NE-1	1	609.6	S114C	0	30	Recent	30.00	120.00	0.50
	2	444.5	SKG115	30	586.21	Recent/sokor shales/ Low velocity shales/ Sokor sandy Alternances	556.21	14.35	53.00
	3	311.15	SP605	586.21	1911	Low velocity shales/Sokor sandy Alternances/Madama/ Yogou/Donga	1324.79	11.96	160.00

续表

井名	编号	尺寸	型号	入井（m）	出井（m）	地层	进尺（m）	机械钻速（m/h）	钻时（h）
Trakes NE-1	4	311.15	HA437G	1911	1911	Donga	0.00	0.00	37.75
	5	215.9	HA517G	1911	2029	Donga，Basement	118.00	3.40	34.23
Trakes NW-1	1	609.6	W111	0	30	Recent	30.00	60.00	1.00
	2	444.5	SKG115	30	555	Recent、Sokor sandy、Madama	525.00	7.27	87.17
	3	444.5	GJ415G	555	777	Madama	222.00	4.78	58.16
	4	444.5	GJ435G	777	1015	Madama	238.00	3.82	69.56
	5	444.5	SKG115	1015	1125.2	Madama	110.20	4.85	43.46
	6	444.5	SKG115	1125.2	1125.2	Madama	0.00	0.00	78.50
	7	444.5	SKG115	1125.2	1125.2	Madama	0.00	0.00	88.50
	8	311.15	HA437G	1125.2	1222	Madama、Yogou	96.80	7.80	23.16
	9	311.15	GS519	1222	2580	Yogou、Donga	1358	13.65	156.01
	10	311.15	HJ517G	2580	2668	Donga	88.00	1.83	76.96
	11	215.9	GS516	2668	2825	Donga	157	3.38	62.66
	12	311.15	HJ517G	2825	2837	Donga	12.00	1.41	70.91
	11	215.9	GS516	2837	2893	Donga	56.00	2.28	42.11
	13	311.15	HJ517G	2893	2918.71	Donga	25.71	0.89	75.66
	14	311.15	HJ517G	2918.71	2990	Donga	71.29	1.39	72.06
	15	311.15	HJ517G	2990	2990	Donga	0.00	0.00	42.00
	16	215.9	HJ437G	2990	3002	Donga	12.00	2.92	24.61
	17	215.9	HJT537G	3002	3125	Donga	123.00	1.76	87.76
Grein W-1	1	609.6	W111	9	30	Recent	21.00	28.00	1.00
	2	444.5	SKG115	30	206	Donga	176.00	13.04	22.00
	3	311.15	KS1952 SGR	206	1013.36	Donga	807.36	13.53	95.18
	4	311.15	HA437G	1013.36	1013.36	Donga	0.00	0.00	25.50
	5	215.9	GS516	1013.36	1689.47	Donga	676.11	13.20	69.47
	6	215.9	HJ437G	1689.47	1891.25	Donga、K1	201.78	2.82	87.81
	7	215.9	GS516	1891.25	2261.7	K1	370.45	11.84	45.30
	8	215.9	HJT537G	2261.7	2398	K1	136.30	1.77	94.65
	9	215.9	GS816	2398	2675	K1，Basement	277	2.17	156.30

3. Tenere 区块

2016—2019 年，尼日尔 Tenere 区块仅开展了一口井钻井任务，Tejira S-1 井为探井，采用三开井身结构，全井共使用5只钻头(表6-9)。该井一开使用一只型号为SKG115的φ444.5mm牙轮钻头，钻遇浅层Recent砂岩地层、Sokor Shale及Low velocity shale泥岩地层。二开井段钻进采用一只KS1952SGR PDC钻头及一只HA437G牙轮钻头，钻穿Sokor Sandy Alternaces泥岩储层及Madama砂岩层，二开技术套管坐封Yogou层顶部。三开井段采用GS516 PDC钻头钻至设计井深。

表6-9 Bilma区块钻头使用情况

井名	编号	尺寸	型号	入井(m)	出井(m)	地层	进尺(m)	机械钻速(m/h)	钻时(h)
Tejira S-1	1	609.6	S114C	0	30	Recent	30	42.25	1.36
	2	444.5	SKG115	30	540	Recent，Sokor shales，Low velocity shales Sokor sandy	510	22.05	55.82
	3	311.1	KS1952 SGR	540	1830	Sokor sandy Alternances，Madama Yogou	1290	19.99	162.43
	4	311.1	HA437G	1830	2110	Yogou	280	13.49	67.82
	5	215.9	GS516	2110	2800	Yogou	690	20.16	70.9

三、钻头优选

1. φ444.5mm钻头优选分析

φ444.5mm井段全部使用牙轮钻头，共使用了5种型号：W111、SKG115、GJ115C、Gj435J(表6-10)。根据井身结构的不同，φ444.5mm钻头可用于导管或表层套管层位的钻进。统计显示，W111及GJ115C型号三牙轮钻头全部应用于导管井段的钻进。SKG115及GJ435J型号牙轮钻头主要用于表层套管井段钻进。

表6-10 φ444.5mm井眼钻头优选表

井眼(mm)	地层	钻头型号	平均进尺(m)	平均机械钻速(m/h)
444.5	Recent	W111	92	71.08
		SKG115	765.49	467.29
		GJ115C	60	67.50
		GJ435J	383.25	57.99

钻头表现分析显示(图6-17)，用于表层套管的SKG115及GJ435J钻头表现明显优于钻导管钻头。

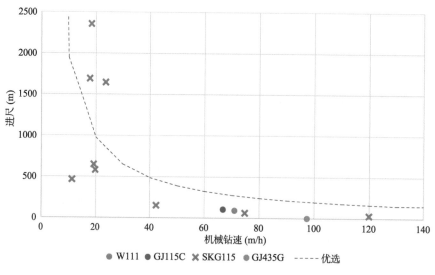

图6-17　φ444.5mm井眼钻头优选

2. φ311.2mm钻头优选分析

φ311.2mm井眼根据钻遇地层岩性的不用，使用了型号为HAT117G牙轮钻头，以及型号为KS1952SGR的PDC钻头。两种钻头钻进井段为表层及技术套管井段，HAT117G牙钻钻头主要钻遇浅层Recent砂岩地层、及Sokor Shale泥岩地层，平均进尺234.67m，平均机械钻速5.29m/h。KS1952SGR的PDC钻头主要钻遇Sokor shale泥岩地层，及以下Low velocity shale地层、Sokor sandy alternace含油气泥岩地层，平均进尺1172.67m，平均机械钻速10.84m/h，见表6-11。

表6-11　φ311.2mm井眼钻头优选表

井眼(mm)	地层	钻头型号	平均进尺(m)	平均机械钻速(m/h)
311.2	Recent	HAT117G	234.67	5.29
	Recent	KS1952SGR	1172.67	10.84

两种钻头综合指标优选情况如图6-18所示，PDC钻头无论在完成进尺上，及机械钻速上明显优于牙轮钻头指标。

2.3.3　φ250.8mm钻头优选分析

φ250.8mm井眼使用了5种型号的牙轮钻头及2种型号的PDC钻头(表6-12)。早期

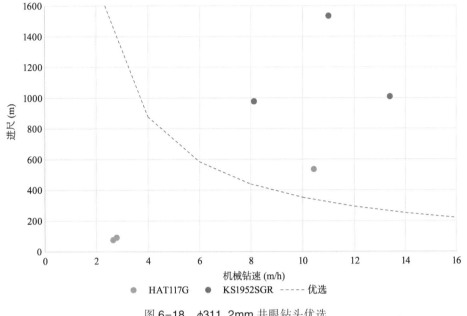

图 6-18 φ311.2mm 井眼钻头优选

完钻井的二开井段或特殊工艺井,如 Agadi S-5 井含常规取芯作业,使用牙轮钻头作业。后期二开开发井主要采用 PDC+井下动力钻具组合,二开一趟钻模式作业。

表 6-12 φ250.8mm 井眼钻头优选表

井眼(mm)	地层	钻头型号	平均进尺(m)	平均机械钻速(m/h)
250.8	Recent,Sokor shale,Low Velocity Shale,Sokor sandy Alternaces	KS1952GR	2567.73	18.07
		SP605	1762.51	16.68
		HA117	810	16.56
		HA117G	585.18	11.93
		HA437G	48.00	6.91
		HJ117	226.00	10.04
		HJ437G	362.00	7.10

φ250.8mm 牙轮钻头主要型号为 HAT117G、HA117G、HA437G、HJ117、HJ437G,其中 HA117 与 HA117G 型号使用数量较多且性能最优。

φ250.8mmPDC 钻头主要型号为 KS1952SGR 及 SP605。SP605 型号使用了 15 只,使用数量上大于 KS1952GR 型号钻头。

综合对比两类钻头,PDC 钻头无论在完成进尺上,及机械钻速上明显优于牙轮钻头指标。两个型号 PDC 钻头实钻指标均能够满足二开井段一趟钻作业需求，KS1952GR 钻头使用数量较少，但性能优于 SP605 PDC 钻头。具体优选结果如图 6-19 与图 6-20 所示。

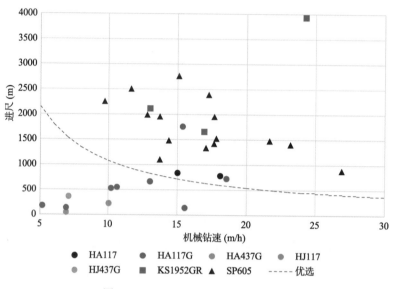

图 6-19　φ250.8mm 井眼钻头优选

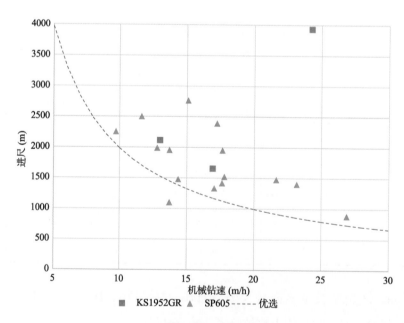

图 6-20　φ250.8mm PDC 钻头优选

4. φ215.9mm 钻头优选分析

φ215.9mm 井眼主要为油层套管井段，使用了 5 种型号的 PDC 钻头（表 6-13）。钻遇地层跨度大，岩性变化大，通常 ϕ215.9mm 井段需要使用 1~2 只 PDC 钻头，并配合牙轮钻头通井。

表 6-13 ϕ215.9mm 井眼钻头优选表

井眼(mm)	地层	钻头型号	平均进尺(m)	平均机械钻速(m/h)
215.9	Recent、Sokor shale、Low Velocity Shale、Sokor sandy Alternaces、Madama、Yogou	GS516	1676.13	34.66
		MS1653GU	2353.99	26.49
		M1653GU	1956.28	20.31
		SP1675	2224.20	13.05
		SP605	1585.00	21.90

优选分析结果显示型号为 MS1653GU、M1653GU 的 ϕ215.9mm PDC 钻头综合性能稳定，性能较优。SP1675 钻头虽然平均进尺及平均机械钻速在 M1653GU 之上，但实际应用中个别井表现指标在总体平均值以下。具体优选结果如图 6-21 所示。

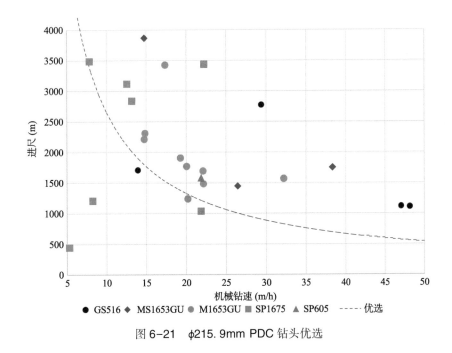

图 6-21 ϕ215.9mm PDC 钻头优选

5. 钻头优选结果

一开井段优选使用牙轮钻头；二开及三开井段主体使用 PDC 钻头，配合使用高效牙轮钻头，可提高机械钻速，降低钻井成本。各井段钻头优选结果见表 6-14。

表 6-14　钻头优选结果

钻头尺寸(mm)	钻头类型	平均机械钻速(m/h)	平均进尺(m)
444.5	SKG115	765.49	467.29
	GJ435J	383.25	57.99
311.2	HAT117G	234.67	5.29
	KS1952SGR	1172.67	10.84
250.8	KS1952GR	2567.73	18.07
	SP605	1762.51	16.68
215.9	MS1653GU	2353.99	26.49
	M1653GU	1956.28	20.31

第三节　"一趟钻"技术

一、钻具组合

在钻具组合的选择中，表层垂直井段为了提高机械钻速，优选塔式钻具组合；二开垂直井段为了保证井眼轨迹质量，保持垂直钻进，优选钟摆钻具组合；定向造斜及稳斜井段选用导向马达+MWD钻具组合，实时监控井眼轨迹变化及时调整轨迹，高转速长时效马达配合高效PDC钻头，实现一趟钻钻穿目的层，提高机械钻速。

1. 直井钻具组合

不同井眼垂直井段钻具组合见表6-15—表6-19。

表 6-15　φ444.5mm 垂直井段钻具组合

序号	钻具名称	尺寸(mm)	根(PCS/joints)
1	DP	127	To TDS
2	HWDP	127	15
3	Spiral DC	165	1
4	Spiral DC	177.8	9
5	X/O	203.2	1
6	Stabilizer	432	1

续表

序号	钻具名称	尺寸(mm)	根(PCS/joints)
7	Spiral DC	203.2	2
8	X/O	228	1
9	Sub	228	1
10	Bit	444.5	1

表 6-16 ϕ374.7mm 垂直井段钻具组合

序号	钻具名称	尺寸(mm)	根(PCS/joints)
1	DP	127	To TDS
2	HWDP	127	12
3	Spiral DC	178	9
4	X/O	203.2	1
5	Spiral DC	203.2	3
6	X/O	228	1
7	Sub	228	1
8	Bit	374.7	1

表 6-17 ϕ311.2mm 垂直井段钻具组合

序号	钻具名称	尺寸(mm)	根(PCS/joints)
1	DP	127	To TDS
2	HWDP	127	15
3	SDC	165.1	9
4	SDC	177.8	6
5	SDC	203.2	3
6	Stabilizer	298	1
7	SDC	203.2	1
8	NMDC	203.2	1
9	Float Valve	203.2	1
10	Bit	311.2	1

表6-18　φ250.8mm 垂直井段钻具组合

序号	钻具名称	尺寸（mm）	根（PCS/joints）
1	DP	127	To TDS
2	HWDP	127	27
3	MWD	178	1
4	NMDC	178	1
5	X/O	178	1
6	Stabilizer	240	1
7	Float Valve	178	1
8	Motor	203.2	1
9	Bit	250.8	1

表6-19　φ215.9 井段钻具组合

序号	钻具名称	尺寸（mm）	根（PCS/joints）
1	DP	127	To TDS
2	HWDP	127	15
3	Spiral DC	165	6
4	Stabilizer	206	1
5	X/O	165	12
6	Spiral DC	165	1
7	Float Valve	165	1
8	Bit	215.9	1

2. 定向井钻具组合

直井段钻具组合：为了减少下部定向造斜段的施工难度，要求上部直井段尽量保持垂直，因此，一般采用钟摆钻具组合钻井。为了准确定向和控制造斜率并有效确定目的层位，采用导向钻井系统同时 MWD 实施随钻测井，完成造斜井段。造斜井段推荐的钻具组合见表6-20与表6-21。

表6-20 φ311.2mm 造斜井段钻具组合

序号	钻具名称	尺寸（mm）	根（PCS/joints）
1	DP	127	To TDS
2	HWDP	127	21
3	X/O	127	1
4	MWD	203.2	1
5	NMDC	203.2	1
6	X/O	203.2	1
7	Stabilizer	298	1
8	Float Valve	203.2	1
9	Motor	216	1
10	Bit	311.2	1

表6-21 φ215.9mm 造斜井段钻具组合

序号	钻具名称	尺寸（mm）	根（PCS/joints）
1	DP	127	To TDS
2	HWDP	127	27
3	MWD	165.1	1
4	NMDC	165.1	1
5	Stabilizer	208	1
6	Float Valve	165.1	1
7	Motor+bend housing	172	1
8	Bit	215.9	1

为监测井斜情况和完成全井井眼轨迹的井斜、方位测量，在钻具组合中增加无磁钻铤。每完成一个井段的钻进，在下套管固井之前，用多点测斜仪对井眼轨迹进行一次测量，要求测量间距为30m，取全取准井眼轨迹数据，为今后井眼的再利用和周遍再钻定向井提供可靠的施工依据和防碰依据。

二、井下动力钻具

井下动力钻具的发展是伴随着钻井工艺的发展而进行的，近年来钻井数量和进尺持续增长，定向井、水平井、多分支井不断增多，客观上要求井下动力钻具能够适应优快钻完井技术的发展，对井下动力钻具的需求也不断增大。

井下动力钻具可用于定向井定向、造斜、稳斜等全井段，适用范围广。井下动力钻具可以在井底直接提供动力，减少钻杆磨损和动力传递损耗；提高钻速，缩短周期，降低成本；准确造斜、定向、纠偏，提高工程质量实现复合钻进，减少起下钻次，有效提高钻井经济效益，尤其适用于水平井、丛式井。

螺杆钻具是一种容积式井下动力钻具，可以将钻井液液体压力能转化成机械能，高压钻井液流经旁通阀进入马达，驱动转子绕定子轴线旋转，马达产生的扭矩和转速通过万向轴和传动轴传递给钻头，从而实现破岩作业。

常见的螺杆钻具由四部分组成，从上至下依次为旁通阀总成、马达总成（含防掉短节）、万向轴总成及传动轴总成，如图6-22所示。

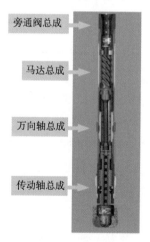

图6-22　螺杆钻具组成

（1）旁通阀总成。起下钻时旁通阀导通，允许钻柱内钻井液循环绕过马达进入环空，使起下钻时钻井液不溢于井台上。在钻井液流量达到说明书推荐最小流量以前的某个值时，钻井液经阀芯内孔，在孔两端产生压力差，上端压力大于下端压力，此压力差克服弹簧力把阀芯压下，旁通孔被关闭，钻井液流经马达，把压力能转换为机械能。当地面停泵或流量过小时，压力差不足以按住阀芯，弹簧把阀芯顶起，旁通孔导通。

（2）马达总成。转子在压力钻井液的驱动下，绕定子轴线旋转，完成液体压力能向机械能的转化，为钻头提供动力。定子的头数比转子多一个，在转子装入定子后，任意截取一个垂直于轴线的截面，转子和定子剖面线均是共轭啮合的。因此，绕轴线的左旋螺杆上有一系列啮合点，这些啮合点封闭起来的容腔组成一个密封腔，而且此容腔体积是一定的。随着转子在定子中的运动，密封腔逐步沿轴线移动，把完成能量转换的钻井液由低压腔排出马达。

（3）万向轴总成，将转子的偏心运动转化成传动轴的定轴运动。具有良好的挠性，可实现转子的偏心运动转换成传动轴的定轴转动。万向轴一般采用万向瓣形、球铰接式和柔性轴形式。

（4）传动轴总成将马达产生的扭矩与转速传递给钻头，同时，承受钻压所产生的轴向和径向负荷。

三、动力钻具优选及施工参数优化

螺杆井下动力钻具的选择在明确地层温度、地层特性、钻井液条件等外部条件后，根据安全性、最大输出扭矩以及选择合适的排量为原则。同时，还需考虑适合钻井施工工艺、提高钻具使用寿命。

在同一井眼其他条件不变的情况下，以钻具刚性强度最优为判据，以确保安全性。在同一井眼其他条件不变的情况下，钻具的最大扭矩输出为优选条件，以确保足够的滑动钻进扭矩。螺杆钻具为容积式马达，其输出转速与排量成正比，在同一排量下，应选择排量合适的钻具，以确保所要求的转速，将马达发挥至最佳状态。

1. 地层温度

根据试油地层测温统计，地表按 0℃ 起算，Sokor sandy 及上部地层地温梯度为 5℃/100m，Yogou 地层为 4℃/100m，根据二期开发方案投入的开发断块地层埋深分析来看，Dinga deep 断块最深，Sokor sandy 地层垂深约为 2900m，因此地层温度最高为 145℃，Yogou 地层最深为 3200m，最高地层温度为 128℃。实际钻井过程中，循环温度低于 120℃，因此螺杆对抗温性能不做特殊要求。

2. 地层特性

根据钻头优选部分地层的可钻性分析来看，Sokor sandy 及上部地层为软—中软地层，且研磨性不高。选择上应选择高转速低扭矩的马达，但是针对钻井工程中摩阻大、钻压施加不稳定的问题，应适当提高马达的扭矩值，以便提高马达抵抗钻压突然增大造成马达损坏的能力，可利用调节排量及顶驱转速来提高钻头转速。

3. 工作排量范围

按照满足环空返速应大于 1m/s 的要求，250.8mm 井眼要求排量应达到 35~40 L/s，215.9mm 井眼环空返速应在 28~32 L/s。

4. 钻井液类型

目前使用的是 KCL 聚合物—硅酸盐钻井液体系，Cl^- 含量较高，因此马达转子要采取抗 Cl^- 腐蚀性措施。

5. 造斜能力

一般在钻井工程设计中，常规定向井的造斜率为（2.4°~3.6°）/30m，一般马达弯角在 1°左右都可实现常规定向井的造斜要求，但是弯角也不易太大。为了实现 PDC+螺杆复合钻进提速，弯角不易超过 1.3°，最大不能超过 1.5°。为配合未来水平井的施工作业可以采购部分可调弯角马达，以便实现(4°~7°)/30m 的造斜率要求。

6. 尺寸规格、扭矩及转速要求

目前定向施工主要在 215.9mm 和 250.8mm 井眼中完成，215.9mm 井眼使用外径 165mm 和 172mm 马达，250.8mm 井眼使用外径 197mm 马达，但是考虑到尺寸大点螺杆寿命长点，推荐选择 172mm 的马达。扭矩转速则需要与钻头选型及工况相匹配，根据钻头选型可知，钻头选型推荐 M223 的 PDC 钻头，一般对应这两个 IADC 编码的 PDC 钻头的推荐钻压及转速为：250.8mm 钻头，钻压 20~120kN，转速 60~200r/min；215.9mm 钻头，钻压20~80kN，转速 60~200r/min。因此要发挥钻头的性能，与之相配合的马达转速及所能施加的钻压应与钻头一致。推荐采用的马达转速介于 60~200r/min，排量介于 28~40L/s，最大允许的施加钻压应大于 80kN，马达输出扭矩 215.9mm 井眼应大于 4000N·m，250.8mm 井眼应大于 5000N·m，但是考虑到目前钻井中钻压施加不稳定的问题，给马达输出扭矩留有余量，建议马达输出扭矩 215.9mm 井眼应大于 6000N·m，250.8mm 井眼应大于 7000N·m。

目前选用的马达型号为：7LZ172-7 的马达，头数为 7:8，推荐排量 20~40L/s，压降为 4MPa，扭矩为 7176N·m，工作钻压为 100KN，转速 84~168r/min。马达弯角 1.15°。

目前由于丛式井设计要求，造斜点都比较浅，地层也比较疏松。为满足定向要求并控制井眼质量，在浅层井段推荐采用排量下限，适当增加钻压，采取高扭矩低转速，满足携岩前提下，减低对井眼的冲涮。对于下部稳斜井段，随着地层的增加，可以适当降低钻压，提高转速来提速。

建议浅层造斜井段，推荐钻压 2~4kN，排量 28L/s；下部稳斜井段，钻压 4~6kN，排量 32L/s。250.8mm 井眼造斜井段推荐钻压 2~4kN，排量 35L/s；下部稳斜井段推荐钻压 5~7kN，排量 40L/s。复合钻进中顶驱转速 30~50r/min。

四、应用效果

尼日尔项目逐步在 2017 年开始开展"一趟钻"技术现场应用于试验。统计分析了自 2012 年起已完钻共 69 口定向井实钻情况，"一趟钻"技术已成功应用于 2017 年以后的 31 口井中，与 38 口前期未应用"一趟钻"技术井相比，平均单井钻井周期较应用前缩短 27.68%，平均机械钻速提高 50.93%(表 6-22、图 6-23)。

表 6-22 "一趟钻"技术应用效果

技术对比	应用井数（口）	平均机械钻速（m/h）	平均钻井周期（d）	平均完钻井深（m）
应用前	38	13.39	20.52	2205.63
应用后	31	20.21	14.84	2347.87

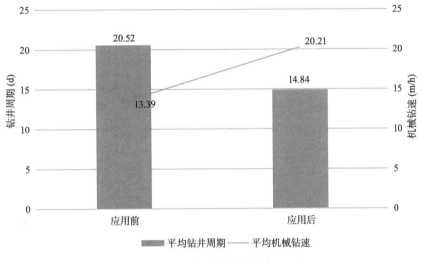

图 6-23 "一趟钻"技术应用效果

第七章

工厂化钻井技术

尼日尔项目采用的丛式井工厂化钻井技术主要包括：（1）基于工厂化钻井作业工厂化开发，批量化钻完井作业，同时，也为压裂、试油、试气批量化作业创造条件；（2）设备的成熟配套，保证钻井施工的连续性；（3）选用先进的技术，通过简化优化，从方案设计、钻头、井眼轨迹控制、钻井液、离线设施等配套技术等有效支撑钻井工厂化作业；（4）科学管理，通过团队协作，统一指挥，整体行动。该技术可确保联合交叉作业，无缝对接，具有系统化、集成化、标准化、自动化、协同化、流程化的特点。

第一节　尼日尔丛式井工厂化钻井要求

一、工厂化钻井技术简介

工厂化钻井是井台批量钻井（Pad Drilling）和工厂化钻井（Factory Drilling）等新型钻完井作业模式的统称，是指利用一系列先进钻完井技术和装备、通信工具，系统优化管理整个建井过程涉及的多项因素，集中布置进行批量钻井、批量压裂等作业的一种作业方式。这种作业方式能够利用快速移动式钻机对单一井场的多口井进行批量钻完井和脱机作业，以流水线的方式，实现边钻井、边压裂、边生产。

技术优势：

（1）系统高度集成性，集成先进的技术设备，能够快速实现井间移运；

（2）井间快速移动性，配备滑移系统，满立根井间快速移动；

（3）防喷器快速装卸，快速装卸和移动防喷器组，缩短作业时间；

（4）批量流水线作业，对多口井进行流水线批量化作业，极大缩短作业周期；

（5）批量钻井，先一次完成同一井场所有水平井的表层井段的钻井和固井作业，再用一次完成各井二开井段的钻井和固井作业，以此类推完成整个平台的钻井作业。

二、尼日尔丛式井开发部署及要求

根据尼日尔项目尼日尔项目二期开发共计投入 71 个断块，373 口井，其中新钻井 281 口，老井利用 92 口，新钻井部署在 Faringa W-1、Gololo W-1、Gololo-1 等 55 个断块上，其中定向井 273 口，直井 8 口。

由于尼日尔 Agadem 区块为沙漠油气田，为降低钻井机具搬迁、材料运输工作强度，降低钻井及后期运维成本，采用丛式井方式钻井。由于油藏构造为南北向长条状构造特征，加之井深浅，单个井场钻井数量不宜过多，应根据井位部署情况，结合钻井施工难度及钻井成本优选丛式井规模及井场位置。丛式井钻井采用批钻模式，以提高钻机运行效率及材料重复利用率，进而降低钻井成本、为方便钻机平移作业及后期作业要求，井口槽布置为单排槽口，井间距为 6m。

依据尼日尔区块的开发特点，以及工厂化钻井技术在类似区块的成熟应用经验，结合尼日尔前期形成的成熟作业模式，在技术和管理上形成适合尼日尔区块特点的"尼日尔丛式井技术"。

经优化，二期方案总计投入 71 个区块，涉及新部署井的 55 个区块，总计新钻井 281 口，其中 49 个区块采用丛式井开发，其余区块采用单井，281 口新井，新建 110 个井场实施（表 7-1）。

表 7-1 尼日尔项目二期拟投入断块及井场布署

序号	断块名称	井数	井场数	序号	断块名称	井数	井场数
1	Faringa W-1	10	3	13	Goumeri E-1	2	1
2	Gololo W-1	10	3	14	Jaouro-1	2	1
3	Gololo-1	6	2	15	Sokor S-1	1	1
4	Dougoule-1	8	5	16	Goumeri W-1	6	2
5	Dibeilla-1	23	7	17	Karagou-1	1	1
6	Dibeilla N-1	10	4	18	Dibeilla NE-2D	2	1
7	Dibeilla N=2	3	2	19	Koulele C-1	17	6
8	Dougoule-4	2	1	20	Koulele CE-1	18	4
9	Dougoule E-1	5	1	21	Koulele Deep（Yogou）	3	
10	Tairas S-1D	2	1	22	Koulele E-1	9	4
11	Faringa-1	3	2	23	Koulele-1	8	4
12	Sokor SW-1	1	1	24	Tiori S-1/2	6	3

序号	断块名称	井数	井场数	序号	断块名称	井数	井场数
25	Koulele CN-1	4	1	41	Koulele W-1	6	3
26	Fana SE-1D	2	1	42	Arianga-1	3	2
27	Koulele SE-1	2	1	43	Ariange NE-1	8	4
28	Alala-1	4	2	44	Ngourti-1	4	2
29	Fana E-1	4	2	45	Abolo N-1	6	1
30	Fana W-1	10	4	46	Abolo NE-1	7	3
31	Fana N-1D	3	2	47	Bamm E-1	2	1
32	Bedou-1	4	2	48	Bamm-1	1	1
33	Koulele CS-1	2	1	49	Yogou E-1	2	2
34	Koulele N	2	1	50	Idou-1D	2	1
35	Tiori-1	4	1	51	Sokor SD-1	2	1
36	Dinga deep-1	12	2	52	Achigore Deep-1	1	1
37	Karam-2	3	1	53	Yogou W-1	5	1
38	Ngourti E-1	6	2	54	Yogou-1	3	1
39	Koulele CW-1	1	1	55	Garana-1	6	1
40	Fana S-1	2	1	总计	55个断块	281	110

三、尼日尔丛式井工厂化钻井可行性

1. 技术可行性分析

为降低钻井成本，方便液压移动式钻机实施批钻作业及钻井液的重复利用，井场优选不仅要满足同一平台进尺最少，剖面类型尽量简单并且满足钻井安全快速作业要求的原则上，还应尽量给低配产井电泵提高尽量优异的工作环境。井口布置需满足"同井场新钻井井口间距6m，单排槽口布置，方便批钻作业实施"的原则。

长城钻探公司在尼日尔共有7部钻机，分别为5台ZJ40D钻机、2台ZJ50D钻机，7部钻机已全面配备滑轨，基本能满足丛式井施工要求。

2. 经济可行性分析

尼日尔Agadem油田位于尼日尔东南部撒哈拉沙漠腹地，气候及地面环境条件恶劣，井间搬家运输成本非常高。单井井场建设费用颇高，单井钻机搬安时间较长，造成工程建设投资居高不下，且劳动强度异常大。

尼日尔项目二期开发总井数 281 口，钻井平台 91 个。除了复杂的地面环境和苛刻的环境保护要求外，油藏上还存在着地下断块发育、油藏分散、层系多、井网各异等问题，这对于平台井组优选、排列方式、井场优化布局、井眼轨迹优化及控制是难点。国内外每个平台井数一般不低于 4 口，部分平台井数要达到 6 口以上，工厂化作业在节约成本方面的优势才能更加凸显。

第二节 钻机改造及装备配套

一、丛式井钻机设备配套改造要求

现有钻机主机整体移运系统改造遵循"安全、可靠、经济、实用、方便"的原则。改造后钻机主机不进行拆装可携带满立根钻具整体直线平移，一次性最多可钻 5 口井(井间距 6m)，最大平移距离 24m；1 号钻井液罐采用吊车吊运，在 1 号罐和 2 号罐之间需增加转浆系统，其余钻井液罐及钻井泵、发电房、VFD 房等设备保持在原来位置；平移时主机井口套管头不高于地面 200mm。对于少量 8 口井平台，采用平移 4 口井后搬家一次方式解决，平移过程中井口不安装采油树。

二、丛式井钻机设备配套改造

在钻机底座(40DB 含绞车，低位)下方安装 1 套移动导轨，底座通过连接在端部的两套液缸拖动，可携带满钻具在导轨上平移。钻机主机平移时，钻井液罐、钻井泵、发电房、VFD 房及液气分离器等设备固定不动(小营地预先于最远井位 60m 外就位)，顶驱电控房、井控房及井口装置等跟随主机移动。加长地面高压管汇及地面电缆槽，更换绞车、钻台区、顶驱电控房等所有电缆(原电缆单井作业时使用)；加长钻井液导流管，使钻井液能够顺利返回 1 号钻井液罐。钻机轨道式移动系统包含移运系统、高架导流槽、动力传输三部分。

钻机底座及绞车下方座通过连接在端部的两套液缸拖动，以 3mm/s 速度在导轨上携带满钻具平移。钻井液罐(1 号罐除外)、钻井泵、发电房、VFD 房等设备位置不变。加长地面高压管汇及地面电缆槽，加长绞车及钻台区电缆，新电缆与原电缆之间采用电缆转接箱。

钻机主体采用轨道式移动系统，将钻机主体安装在两组轨道上，通过安装在底座两侧的双作用液缸同步工作，满足钻机在工厂化钻井施工范围内往返移动。

设计高架导流管实现钻井液的回流，在高架导流管底部设置钻井液、放喷、工业水、气、补给等管线，满足井口钻井液回流的要求。

设计地面电缆槽和折叠电缆桥架，满足钻台设备动力输送和控制的要求。

ZJ40D 钻机工厂化钻井组施工改造示意图如图 7-1 所示。

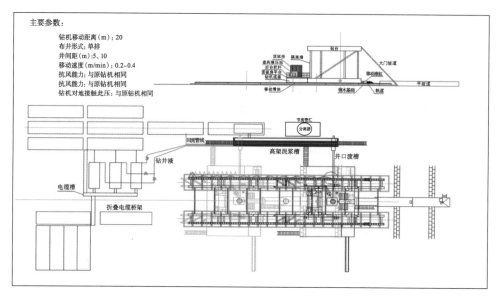

图 7-1　ZJ40D 钻机工厂化钻井组施工改造示意图

第一口与最后一口井作业位置图分别如图 7-2 与图 7-3 所示。

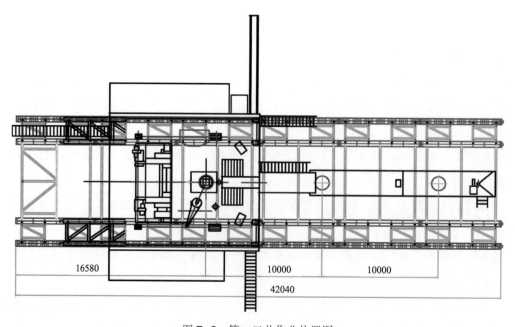

图 7-2　第一口井作业位置图

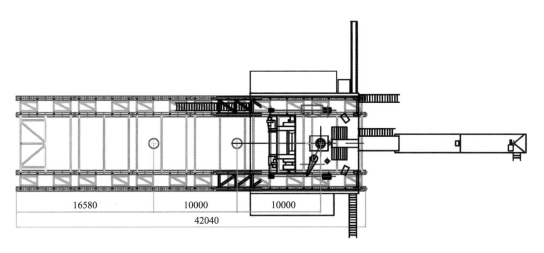

图7-3　最后一口井作业位置图

1. 移动系统改造

移动系统是丛式井钻机快速移运的关键装备。国外工厂化作业钻机的平移技术已经很成熟，根据加装或配套平移装置的不同，工厂化作业钻机主要有滑轨式和步进式2种类型。由于步进式移动系统对钻机及地面整体要求较高，尼日尔丛式工厂化钻机选用了滑轨式移动系统对钻机底座进行了改造。

滑轨式移动系统(图7-4)主要由组合式滑移轨道底座和液压平移装置2部分组成。井场第1口井钻机安装前，在基础上铺设组合式滑移轨道底座，并使其方向与井口连线方向平行，然后在滑移轨道底座上安装钻机及其他地面设备，需要在井间进行平移时，通过液压平移装置推动钻机在滑轨上移动。

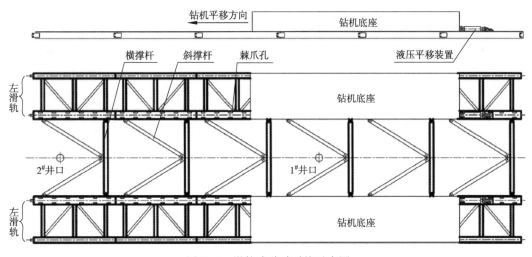

图7-4　滑轨式移动系统示意图

1）组合式滑移轨道底座

设计轨道长度为 37.5m，满足钻机主机在 20m（10m²）范围内的移动。导轨高 400mm，左右两侧均为片架结构，由两根主梁一根辅梁组成，辅梁用来支撑井架，两主梁中心宽与钻机底座中心相对应。两侧片架沿井口槽对称分布，每侧均分为 6 节，节与节之间用销子耳板连接，每侧导轨的 6 节之间在安装时具有互换性，保证现场安装快捷、方便。轨道布置如图 7-5 所示。

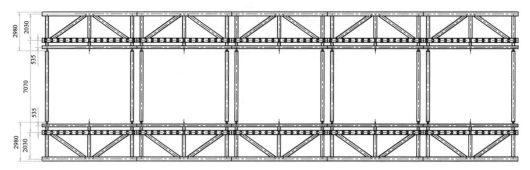

图 7-5　轨道布置图

内侧导轨主梁上开方孔，与棘轮装置共同为液缸提供止动作用。两个液缸推动或拉动钻机底座在导轨上移动（图 7-6）。在底座两侧设限位机构（图 7-7），防止钻机移动时偏离轨道。左、右导轨连接安装完成后，左、右导轨主梁之间的总中心宽度应该与钻机左、右基座之间的总中心宽度相同。

图 7-6　钻机平移底座

图 7-7　钻机限位装置与平移底座

2）液压平移装置

采用液压移动系统实现钻机的移动，液压移动部件主要包括液压站、双作用液压缸、控制装置及管线、棘爪装置。液压站为钻机移动的动力源，为执行部件液压缸提供动力。控制装置实现 2 部液缸的同步、换向、速度调节。液压系统的额定压力为 31.5MPa，2 部液缸同时作用，推(拉)动钻机移动。制台内装有同步阀，控制两支液缸同步动作，避免合力倾斜。液压平移装置主要技术参数及改造现场图片分别见表7-2与图7-8。

表 7-2 液压平移装置主要技术参数

钻机移动需要的最大静摩擦力	608×0. 25 = 152T(40DB)
	700×0. 25 = 175T(50DB)
液缸额定压力	16MPa
液缸理论拉力×数量	120T×2 组 = 240T
液缸理论推力×数量	160T×2 组 = 320T
平移液缸行程	580mm
活塞杆直径	160mm
平移液缸直径	360mm
推移速度	3mm/s

图 7-8 液压平移装置改造现场图片

2. 钻井液导流系统改造

加长钻井液分配器至1号罐端部，重新制作一套钻井液导流管，导流管增加冲洗管线，增加连接软管、管卡、导流管支撑架以及连接弯管。当钻至第三口井时，钻井液导流管通过连接弯管倾斜一定角度，并增加加长硬管和软管，使钻井液能够顺利返回钻井液分配器。可根据实际情况在中间架高台处加开口槽子。高空钻井液导流管如图7-9所示。

图7-9　高空钻井液导流管

3. 高压管汇改造

绞车底座和主机升高400mm后，需将地面闸门组与钻井泵之间两根硬管线换成4m的高压软管线(图7-10)，用来调节高度差；另外制作5组6m长4in高压硬管线，每组两根，整体平移后用来加长地面高压管汇，高压硬管线配有安全链及地面支座，立管底座现场焊制增高基座。

图7-10　地面高压软管线

4. 控制电缆及电缆槽改造

钻台区重新制作电缆(原设备电缆不打丛式井时使用)，制作1个固定电缆箱，第一口井开钻之前先将多余电缆盘绕在固定电缆箱内。根据40DB绞车位于低位、50DB绞车位于高位钻机结构的不同，配置不同的改造方案。

40DB方案：增加4段6m地面槽及1段移动槽，现场改造原有地面槽(缩短)，并在垂直槽底部增加连接杆，使垂直槽上下端都与钻机底座固定，可随主机移动。随着钻机前移，电缆不断从电缆箱中抽出，敷设在新增的地面电缆槽中。40D 控制电缆及电缆槽如图 7-11 所示。

图 7-11　40D 控制电缆及电缆槽

50DB 方案：原底座后部井口中心位置折叠电缆槽去掉，在钻机左侧后方增加地面电缆槽和垂直电缆槽。地面电缆槽为水平电缆槽，连接动力区和底座；底座垂直电缆槽上下和底座固定，与底座起升同步起升，并能随底座一起移动。随着钻机前移，电缆逐渐从电缆箱内拉出，增加地面水平电缆槽，可以使地面电缆槽延续。50D 控制电缆及电缆槽如图 7-12 所示。

图 7-12　50D 控制电缆及电缆槽

图 7-13 液气分离器改造

5. 液气分离器改造改造

液气分离器(图 7-13)摆放在 1 号罐前方，保证不影响节流管汇的安装位置。节流管汇需要随主机移动，加长节流管汇与液气分离器两者之间的连接管线，配备 5 根 6m 长，额定压力 35MPa 的铠装软管。第一、二口井节流管汇放喷管线从 1 号罐前方延伸出去，不经过钻井液池上方，内控管线采用软连接；第三口井开始，节流管汇将移到液气分离器的前方，为了使两者连接法兰方向符合连接要求，需要在缓冲罐另外一侧增加一个 8in 的焊接法兰。

6. 梯子大门坡道改造

底座升高 400mm 需要增高前后斜梯。采用制作增高基座方案，移动时梯子、坡道及逃生滑梯需拆掉。对于通罐斜梯，配备一套中转台及下斜梯，原罐上开口位置需要做可拆护栏。大门坡道现为落地式，同样制作增高基座，基座安装时不与钻杆滑道干涉。大门梯子及坡道改造如图 7-14 所示。

图 7-14 大门梯子及坡道改造

第三节 丛式井钻井平台优化

一、丛式井钻井井场布署原则

针对尼日尔 Agadem 油田地面环境特点及施工条件，在井场位置选择上应遵循以下 3 个原则。

（1）同一井场内实施的多口井，施工技术难度要与施工队伍，施工条件所能达到的技术水平相一致。Agadem 油田地层在钻井施工中，尽管使用了钾盐聚合物钻井液体系，但是地层仍然不是很稳定，井径规则度低，且起下管柱并不顺利，因此在论证井场位置时，要求造斜点不能高于 600m，且井斜角不易大于 35°，也就是限定定向井为常规定向井，与直井相比钻井难度不易过大的增加，随着施工进展和效果情况，再做进一步的调整。

（2）相同的目标点，要满足总进尺最小的原则，降低钻井投资。满足施工难度和地面环境条件下，适合的井场位置区域往往很大，应以钻井投资最小为原则，确定井场位置中心坐标。

（3）地面环境条件。选择井场位置时一定要进行实地井场勘察，在（2）部分确定的井场中心坐标附近进行实地勘察，考虑征地、环保、井场建设工程的难易程度以及地面工程建设的要求，对井场位置进行合理的调整。在满足施工难度的前提下，井场位置易选在地势平坦的地方，降低井场建设工作量，同时处于环保考虑，应尽量远离村庄、城镇、环境敏感区域等。

二、丛式井钻井平台设计

根据 Agadem 区块油藏工程推荐的井位部署，平台布署规划按照直井与定向井相结合、平均井斜角最小、总井深最小和施工难度最小为原则，新钻井之间井口距离 6m，以避开磁干扰及考虑新钻井间防碰，同时综合考虑钻井难度，使钻井难度较大井数尽量少，提出以下平台规划方案。

2019 年后尼日尔项目建立了 24 个平台 60 口井，其中定向井 58 口，单井 2 口，平台井数 2~4 口。定向井最大井斜角为 51.66°，最小为 18.47°，平均为 31.77°，平均井底位移 609.22m，平均设计井深 2163.95m，具体方案见表 7-3。

表 7-3　Agadem 区块部分丛式平台井布署方案

平台	井数	井号	X 坐标	Y 坐标	垂深（m）	位移（m）	井斜角（°）	设计井深（m）
Agadi Cluster-6	1	Agadi S-10	479860.98	1733885.96	2076	685.7	29.9	2250.73
	2	Agadi S-13	479861.02	1733892.01	2101	272.62	19.15	2144.83
	3	Agadi S-17	479861	1733898.05	2071	683.58	28.78	2238.92

续表

平台	井数	井号	X 坐标	Y 坐标	垂深（m）	位移（m）	井斜角(°)	设计井深(m)
Goumeri Cluster-1	1	Goumeri W-4	447473.014	1766311.903	2796.86	720.62	21	2935.27
	2	Goumeri W-3	447472.995	1766305.983	2779.08			2779.08
	3	Goumeri W-8	447472.834	1766299.939	2806.56	601.29	19.73	2908.55
Goumeri Cluster-2	1	Goumeri W-5	446361.988	1767796.441	2740.48	571.3	32.05	2894.21
	2	Goumeri W-6	446361.978	1767802.424	2740.33	639.32	34.98	2927.06
Faringa Cluster-1	1	Faringa W-3	455872.815	1746315.068	2277.7	649.8	29.57	2441.13
	2	Faringa W-5	455872.848	1746309.088	2492.71	820.74	32.63	2722
	3	Faringa W-6	455872.913	1746303.073	2327.71	299.53	20.44	2379.07
Faringa Cluster-2	1	Faringa W-4	455720.057	1746931.201	2117.52	326.54	18.47	2168.18
	2	Faringa W-10	455719.992	1746936.978	2382.53	607.3	32.21	2546.48
Faringa Cluster-3	1	Faringa W-8	456442.03	1745281.236	2274.94	408.34	22.07	2351.24
	2	Faringa W-7	456441.918	1745275.132	2034.95	453.77	24.76	2129.82
	3	Faringa W-9	456441.858	1745269.154	2044.95	787.44	33.94	2274.95
Gololo Cluster-1	1	Gololo W-6	460766.904	1735800.894	2344.01	1090.97	37.75	2699.88
	2	Gololo W-7	460766.821	1735795.007	2235	947.02	51.28	2644.91
	3	Gololo W-8	460766.807	1735788.979	2254.97	831.88	48.93	2595
	4	Gololo W-9	460766.879	1735783.038	2344.01	727.27	26.1	2507.04

续表

平台	井数	井号	X坐标	Y坐标	垂深（m）	位移（m）	井斜角(°)	设计井深（m）
Gololo Cluster-2	1	Gololo W-3	459446.917	1737787.959	2090.74	553.22	41.18	2276.13
	2	Gololo W-4	459447.029	1737782.005	2208.74	769.24	49.68	2524.43
	3	Gololo W-5	459447.035	1737775.975	2317.74	945.75	33.88	2593.55
Gololo Cluster-3	1	Gololo W-11	461224.076	1734567.937	2314.41	439.18	22.38	2397.52
	2	Gololo W-12	461217.868	1734567.927	2304.41	508.75	23.94	2407.98
	3	Gololo W-10	461212.034	1734567.859	2284.41	492.44	22.56	2378.77
Koulele Cluster-1	1	Koulele C-12	529788.982	1734210.035	1930.16	1034.18	48.74	2360.6
	2	Koulele C-5	529789.004	1734204.028	1470.12	631.45	48.25	1722.24
	3	Koulele C-13	529789.068	1734198.024	1489.05	535.98	37.7	1657.83
Koulele Cluster-2	1	Koulele C-6	529957.966	1732670.09	1949	573.68	31.34	2100.27
	2	Koulele C-14	529951.922	1732670.108	1488.86	396.35	31.6	1591.1
Koulele Cluster-3	1	Koulele C-4	529419.956	1735305.01	1948.27	980.06	39.24	2281.58
	2	Koulele C-20	529419.943	1735311.151	1488.25			1488.25
	3	Koulele C-18	529419.984	1735317.156	1488.21	640.73	41.15	1710.09
Koulele Cluster-4	1	Koulele C-7	529999.988	1731977.269	1973.22	943.61	39.82	2294.77
	2	Koulele C-15	529999.885	1731983.347	1498.32	176.27	23.51	1530.97
	3	Koulele C-21	529999.813	1731989.307	1973.26	1157.59	46	2438.56

平台	井数	井号	X 坐标	Y 坐标	垂深（m）	位移（m）	井斜角(°)	设计井深(m)
Koulele Cluster-6	1	Koulele CE-10	533039.4	1734865.657	1455.66	331.27	25.44	1526.18
	2	Koulele CE-8	533033.432	1734865.675	1885.8	647.03	31.41	2059.64
Koulele Cluster-5	1	Koulele CE-16	532875.236	1735497.559	1472.48	486.55	35.15	1615.13
	2	Koulele CE-7	532875.316	1735491.576	1892.54	538.74	29.06	2023.83
	3	Koulele CE-13	532875.212	1735485.635	1472.48	438.01	31.67	1588.4
Koulele Cluster-7	1	Koulele C-11	531829.89	1728646.917	1986.46	1007.08	44.25	2365.41
	2	Koulele C-19	531829.83	1728640.802	1626.46	860.64	37.34	2269.26
Koulele Cluster-8	1	Koulelel CE-5	532996.926	1736235.822	1786.41	1001.34	51.66/41.42	2176.54
	2	Koulele Deep-4	533002.92	1736235.944	2886.27	257.67	20.32	2929.23
Koulele Cluster-9	1	Koulele C-9	531245.707	1730782.057	1581.32	318.23	21.17	1637.61
	2	Koulele C-16	531239.606	1730782.049	1581.32	301.3	21.06	1634.2
Koulele Cluster-10	1	Koulele W-3	516121.35	1727479.03	1520	335.55	23.52	1585.66
	2	Koulele W-4	516121.35	1727485.03	1520	342.16	25.87	1592.99
Koulele Cluster-11	1	Koulele-6	527459	1731983	1520	365.85	28.2	1604.29
	2	Koulele-7	527459	1731977	1520	363.21	27.1	1600.78
Jaouro Cluster-1	1	Jaouro-4	452060.396	1740520.895	2095.01	727.29	39.05	2095.01
	2	Jaouro-8	452060.226	1740526.897	1775.52	337.56	25.05	1775.52
Jaouro Cluster-2	1	Jaouro-5	452427.593	1740122.132	2120.92	819.62	37.93	2120.92
	2	Jaouro-9	452427.505	1740116.161	1800.91	386.76	22.04	1800.91

平台	井数	井号	X坐标	Y坐标	垂深（m）	位移（m）	井斜角(°)	设计井深(m)
Jaouro Cluster-2	1	Jaouro-6	452933.65	1739668.019	2127.47	940.99	37.41	2127.47
	2	Jaouro-7	452933.544	1739662.025	1782.6	821.41	41.16	1782.6
Dibeilla	1	Dibeilla-8	500945.832	1800612.965	1695.86	602.12	41.4	1898.59
	2	Dibeilla-21	500939.849	1800613.059	1700	200.97	20.62	1733.62

第四节　丛式井井眼轨道设计

一、丛式井井眼轨道设计原则

丛式井设计的根本原则是保证在钻井作业过程中，整个井组的井与井之间不发生碰撞，在保证开发要求的前提下，选用井深最短、井斜角适当的最简单剖面，并且合理地安排钻井作业顺序，尽量避免邻井套管对磁性测量仪器产生干扰。特别强调的是由于Agadem油田地表沙丘起伏较大，每口井在正式出设计之前一定要进行补心高的重新校正工作，以免造成轨迹脱靶的严重后果。

通过合理地选择井身剖面、井身结构、造斜点、造斜率、井口分配和钻井顺序以完成丛式井的设计。

1. 井身剖面

在满足油田开发要求的前提下，尽量选择最简单剖面，如典型的"直—增—稳"三段制，这样将减少钻井工序，降低摩阻，减少钻井时复杂情况和事故发生的可能性。

2. 井身结构

根据地质要求和钻井目的，结合剖面特点决定井身结构。

3. 造斜点

造斜点的选择应在稳定、均质、可钻性较高的地层。造斜点深度的选择应考虑如下几点。

（1）相邻井的造斜点尽量上下错开30~50m。

（2）中间井口用于位移小的井，造斜点较深；外围井口用于位移较大的井，造斜点则浅。

（3）涉及最大井斜角、造斜率及造斜点的选择要充分考虑采油工程的要求。Fana

SE-1D 等 12 个区块(包括 5 年后开发的 7 个断块)配产低,采油工艺推荐地面驱动螺杆泵采油,采用直井开发;其余断块采用电潜泵采油,ϕ139.7mm 以上套管完井的井眼轨迹造斜率应小于 5°/30m;完井尾管悬挂器下深大于 1500m。

(4)考虑井身结构情况,在满足采油工程要求的前提下,适当加深造斜点深度,降低管柱摩阻,以加快钻井速度。

4. 造斜率

常规定向井,设计(2.3°~3.5°)/30m 的造斜率是可行的,如果因条件限制必须采用五段制井眼,则降斜井段的降斜率应小于 1.2°/30m。

水平井为了准确入靶,应采用单圆弧或双增井眼剖面,在实钻时利用调整第一和第二增斜段之间的稳斜段来调整水平井眼的垂深,达到准确进入目的层的目的。为了保证固井质量,降低施工难度,防止井下卡钻事故的发生,造斜率应控制在小于 6°/30m 的范围内,在条件允许下,应采用(3.5°~4.5°)/30m 的造斜率,有利于水平井的井眼控制。

5. 最大井斜角

一般情况下将常规井井斜角控制在 30°左右,有利于安全钻井、测井作业的顺利、完井管柱的安全下入等。

在保证油田开发要求的前提下,尽量不使井斜角太大,以避免钻井作业时,扭矩和摩阻太大,并保证其他钻井作业的顺利进行,如电测、下套管作业等。根据目前完成定向井,测井施工情况来看,设计井斜角应不大于 40°。

二、定向井井眼轨迹控制技术

解决丛式井防碰问题有两条,一是丛式井设计时尽量减小防碰问题出现的机会;二是施工时采取必要措施防止井眼相碰。首先在整个丛式井井眼轨道设计时,需整体考虑防碰,并在设计中体现。做好防碰工作主要从以下几点做起:

(1)用外围的井口打位移大的井,造斜点较浅;用中间井口打位移较小的井,造斜点较深。

(2)按整个井组的各井方位,尽量均布井口,使井口与井底连线在水平面上的投影图尽量不相交,且呈放射状分布,以方便轨迹跟踪。

(3)如果按照上述三点考虑,还有不能错开的井,可以通过调整造斜点和造斜率的方法解决。

(4)根据地质要求或钻井工程需要,如果钻进期间欲修改设计,那么修改后的设计必须考虑到防碰问题,尽量做到每一口井的轨迹都有最安全的通道。

（5）严格控制井眼轨迹。对于有防碰问题的一组井或几口井的轨迹控制，必须严格控制每一口井的轨迹。先期完成的井必须给后续待钻的相邻井提供安全保障，因此，先期完成的井不仅要轨迹合格，而且要轨迹优质。

（6）利用计算机防碰程序协助轨迹控制。在防碰问题出现的井段使用计算机防碰程序算出有关数据，绘出较大比例尺的防碰图。

（7）在防碰井段，密切注意机械钻速、扭矩和钻压等的变化和 MWD 所测磁场有关数据的情况，并密切观察井口返出物，以此来辅助判断井眼轨迹的位置。

第五节　丛式井钻井作业

一、丛式井钻井设计要点

（1）根据工厂化钻井井场内各井目标点相对于井场井口位置的方位，合理分配井场上各井口相对应的目标点，做到合理布局，避免出现两井交叉，减少钻井过程中井眼轨迹控制的难度。

（2）各井造斜点的深度要互相错开，一般井场井数较少时应错开 50m 以上距离．井数较多错开距离也应大于 30m。

（3）优选各井井身剖面类型，特别相近井的井身剖面选择要讲究，以防碰撞和干扰。

（4）钻井顺序应先钻水平位移大、造斜点浅的井，后钻水平位移小、造斜点深的井，以防定向造斜时，邻井套管的磁干扰。

（5）当井网内各井设计完毕后，必做防碰计算、校核，防止两井眼相交。

二、施工作业顺序优化

尼日尔项目平台井多采用二开井身结构，具体的批钻顺序为先打完所有井的一开，再由最后一口完成一开井开始，以返回按顺序进行二开作业。平台井采用单排顺序，槽口间距 6m。针对开发建议完钻顺序跨槽口的平台井，一开实施顺序可按照二开实施顺序反推，或者一开由一侧施工至另一侧后，再跨槽口完成二开。

Gololo Cluster-1 平台部署 Gololo W-6、Gololo W-7、Gololo W-8 及 Gololo W-9 四口井，地质开发方面要求该平台完钻顺序为 Gololo W-8、Gololo W-7、Gololo W-6、Gololo W-9，由于各井靶点方位及井眼轨道设计，最先完钻的 Gololo W-7、Gololo W-8 井位于平台中间槽口位置。为减少钻机平移次数，尽可能缩短井间搬家时间，按顺序施工一开结束井尽可能设计为二开开始施工井。因此，该平台一开顺序为要求二开顺序的倒序，即一开施工顺序为 Gololo W-6、Gololo W-7、Gololo W-9、Gololo W-8，如图 7-15 与图 7-16 所示。

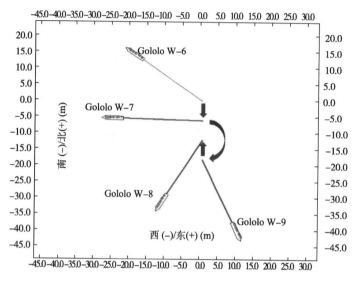

图 7-15　Gololo Cluster-1 平台一开实施顺序

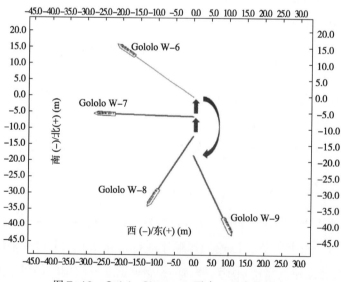

图 7-16　Gololo Cluster-1 平台二开实施顺序

三、定向钻井技术

1. 直井段

直井段主要注意防斜打直，使井斜角和井底位移尽可能小。

（1）采用钟摆钻具结构配合牙轮和 PDC 钻头进行防斜或纠斜钻进。

（2）采用塔式钻具结构配合牙轮和 PDC 钻头进行防斜或纠斜钻进。

（3）直井段结束前 50m 减压至 30kN 钻进。

2. 造斜段

第一造斜段：摸清钻具组合的造斜性和地质特性。

（1）当造斜点 KOP 处方位与设计方位相同时，直接增斜钻进。

（2）当 KOP 处是负位移或方位在设计方位的两侧时，应先调整方位，再增斜。

（3）不得在加压状态下调整工具面角，调整工具面角时，每次合气门转动转盘不许超过 360°。

（4）禁止用动力钻具进行划眼，施工期间若发生井塌，井漏等复杂事故发生，必须起出动力钻具。

（5）根据机械钻速，优选钻头。

第二造斜段：机械钻度慢、工具面不易摆正、摩阻大。

（1）及时发现问题、调整措施（钻压、转速、钻井液性能、钻头等）。

（2）在钻压和地层相对稳定情况下确认反扭角大小。

（3）在工具面摆放好后上下小幅度活动钻具，等工具面达到打钻角度时再进行加压钻进。

（4）调整钻井液性能，降低钻井液的摩阻系数；增加携屑能力。

（5）坚持短起下钻。

（6）多采用复合钻进方式，破坏岩屑床。

3. 稳斜段

稳斜段中实时调整实钻井眼轨迹，做到尽量与设计相符。

（1）当井斜超前于设计时，改定向钻进为导向钻进，提高机械钻速。

（2）当井斜滞后于设计时，在造斜率满足的条件下进行定向钻进。

（3）由于第一造斜段曲率较大，转盘转速必须控制在 70r/min 以内，避免断钻具事故的发生。

4. 随钻测量

1）探油顶与着陆段（地质预测油顶的不确定性、测量信息滞后）

（1）在井斜角 70° 前，利用 LWD 测井曲线与邻井电测资料对比，确定目的层油顶深度。根据井下钻具造斜率的大小，探油顶的井斜角一般控制在 82°~86°，对油层提前或落后要有充分的准备，探油顶段长度一般 30~50m。通过微增斜或稳斜探油顶，在油顶垂深比较明确的情况下，可按设计钻具组合进行施工，直至入靶。

（2）如在油顶并不十分明确的情况下，实钻着陆点的深度与预测着陆点的深度有一定的差距，利用岩屑录井技术结合 LWD 随钻伽马曲线及时发现油顶，钻至油顶时，岩屑中泥岩百分含量减少，砂岩增加，岩屑录井可以见到少量含油砂岩。同时，利用 LWD 测量的伽马、深浅电阻率参数的变化，同邻井测井曲线进行对比，来准确划分地层界面，预测目的层顶界。目前使用的 LWD 伽马、电阻率距钻头位置分别为 8m 和 10m 左右，从每次探油顶的 LWD 测量曲线上看，入靶前 LWD 随钻伽马值先降低，一般降至 100API 左右（受不同区块岩层物性影响，伽马值差异较大）。由于探测深度不同，电阻率值变化要滞后一些，电阻曲线由低值变为高值，逐渐由泥岩基值 3~4 Ω·m 升高到 10Ω·m 左右（油层物性不同电阻率值不同），说明已到目的层，发现油顶后立即调整井斜角，实现油层着陆，进入水平段施工。

2）LWD 测量参数与地质录井数据的结合

由于受测量工具和施工工艺的影响，无法得知钻头处的信息，而岩屑录井和气测录井资料能够比 LWD 实测提前 4m 左右发现钻头位置岩性的变化，因此可以应用岩屑录井进行井深校正的方法来弥补。

（1）砂岩判别方法。

利用岩屑描述记录和 LWD 伽马值判断砂岩，岩屑记录为砂岩，伽马值小于 90~100API 的层段定为砂岩层。

（2）泥岩判别方法。

利用岩屑描述记录和 LWD 伽马值判断泥岩，岩屑记录为泥岩，伽马值大于 100API 的层段定为泥岩层。

（3）断层判别方法。

水平井钻遇断层一般会有如下特点：

① 岩性突变；

② 由于断层破碎带的存在岩屑粒径变小，外形浑圆，无棱角，且大小比较均匀；

③ 机械钻速突然增加；

④ 应用录井技术及时识别储层含油性。

水平井在地层钻进中录井资料表现特征基本与 LWD 测井有较好对应性。

在泥岩中钻进：

① 钻时持续高值；岩性为单一泥岩；

② 气测值表现为低值平台曲线，组分为低值；

③ LWD（或 MWD）自然伽马曲线持续高值，电阻曲线持续低值。

由泥岩层进入砂岩层：

① 钻时下降；

② 岩性中百分含量泥岩减少，砂岩增加，含油砂岩岩屑比例增加；

③ 气测值表现为全烃、组分由低值快速上升（或伴有少量非烃组分）；

④ LWD 自然伽马曲线由高值变为低值，电阻曲线由低值变为高值。

从砂岩层进入泥岩层：

① 钻时上升；

② 岩性中百分含量泥岩增加，砂岩减少，含油砂岩岩屑比例减少；

③ 气测值表现为全烃、组分由高值缓慢下降；

④ LWD 自然伽马曲线由低值变为高值，电阻曲线由高值变为低值。

在砂岩层中钻进：

① 钻时持续低值；

② 岩性为单一砂岩，含油砂岩岩屑比例高；

③ 气测值表现为全烃升为高值平台曲线，组分达到高值（可能伴有少量非烃组分）；

④ LWD 自然伽马曲线持续低值，电阻曲线持续高值。

四、钻井液重复利用技术

一开连续使用 PHB 钻井液，可以节约 PHB 钻井液 $120m^3$ 左右，二开连续使用 KCl/Polymer 钻井液可节约钻井液 $150m^3$ 左右。根据以往钻井经验，在 Goumeri、Sokor 区块和北部的一些区块以外的其他区块，基本上都是二开直接转换为 KCl/Polymer 钻井液，则可以采取钻井液重复利用技术。

1. 定向井段的要求

开始造斜后，加入润滑剂或混入其他油品，保证钻井液有足够的润滑性能，按照定向井钻井液的措施维护处理，完井措施执行定向井完井措施。对于一个台子的下一口二开钻井液，在上口井完井后固井期间，将富裕的钻井液打入备用钻井液罐备用；候凝以及移动钻机期间，处理钻井液罐里的钻井液，开离心机降低钻井液里的有害固相和密度，同时配适量胶液混入老浆中，然后开始二开钻进。

1）一开钻井液循环利用方案

（1）第一口井一开完钻前减少循环罐中钻井液体积，在保证能够正常循环的前提下腾空非必要的钻井液罐，地面钻井液体积维持在 $80 \sim 100m^3$，保证有充足的空间接纳固井替出的钻井液。

（2）固井时除水钻井液和混浆外尽量不排放，回收所有替出不被污染的钻井液用于下个井眼施工。

（3）平台最后一口井一开完钻前减少地面钻井液体积，减少二开转型前 PHB 钻井液的排放量。

2）二开钻井液循环利用方案

（1）平台的第一口井二开完井时，在保证能够正常循环的前提下腾空非必要的钻井液罐，地面钻井液体积维持在 $100 \sim 120 \text{m}^3$，保证有充足的空间接纳固井替出的钻井液。

（2）固井时回收大部分钻井液。固井后测量钻井液性能，根据密度和 MBT 的值确定所保留的老浆体积，配制胶液稀释回收钻井液，密度降至 $1.16 \sim 1.18 \text{g/cm}^3$，MBT 降至 $25 \sim 30 \text{g/L}$。

（3）钻机平移过程中开启离心机降低密度和固相含量，并筛除地面循环钻井液中的塑料小球(添加的)等。

2. 对备用钻井液罐的要求

以井深 $2000 \sim 2500 \text{m}$ 为例计算，固井完井后置换出的钻井液量约为 $28 \sim 35 \text{m}^3$，考虑放一部分混浆以及调整钻井液性能，单 40m^3 的钻井液罐准备足以满足需求，备用钻井液罐搅拌器必须正常工作，与钻井液循环系统连接，用于一口井打完后的钻井液储备和维护，而且能随时打到循环罐里，一开 PHB 钻井液不建议往备用罐回收。

第六节　应　用　效　果

2016—2019 年底，尼日尔项目共开展 78 口井钻井任务。其中单井 37 口，包含直井 22 口，定向井 15 口，完钻 34 口井，单井平均进尺 2279.87m。平台井包含 15 个平台 41 口井，完钻 32 口，其中平台直井 2 口，定向井 39 口，平台井平均进尺 2293.94m。

由建井费用组成图(图 7-17、图 7-18)可得，平台井较单井建井费用由占总建井费用的 11.07% 降至 6.13%，钻机搬迁费占比由 17.15% 降至 5.80%，井场建设及钻机搬迁费用占比大幅下降，平台井钻井费用占比达 87.89%。

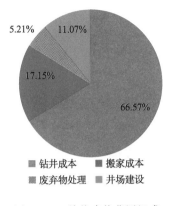

图 7-17 单井建井费用组成

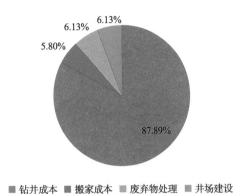

图 7-18 平台井建井费用组成

由表 7-4 可知，已完成的 32 口平台井较 34 口单井相比，在平均进尺相差 0.62% 的情况下，平台井总成本较单井节约 26.77%，其中钻井成本相差不多，节约 3.32%，搬家费用节约高达 75.23%，废弃物处理剂井场建设费用节省约 13.69% 及 59.45%（图 7-19）。由表 7-5 可知，平台井较单井平均每米成本节省 2.27%，含搬家及总费用每米成本节约 26.81% 及 25.49%，单井场平均每米成本节省 26.77%（图 7-20）。

表 7-4 单井/平台井平均钻完井费用对比

单井/平台井	平均进尺（m）	钻井成本（元）	搬家成本（元）	废弃物处理（元）	井场建设（元）	总成本（元）
单井	2279.87	2594314.37	668335.71	202843.11	431455.05	3896948.24
平台井	2293.94	2508280.27	165521.91	175073.75	174956.92	2853761.22
增幅	0.62%	-3.32%	-75.23%	-13.69%	-59.45%	-26.77%

表 7-5 单井/平台井每米成本费用对比

单井/平台井	平均进尺(m)	每米成本(元)	每米成本(元)（含搬家）	每米成本(元)（总费用）	单井场(元)平均每米成本
单井	2279.87	668335.71	202843.11	431455.05	3896948.24
平台井	2293.94	165521.91	175073.75	174956.92	2853761.22
增幅	0.62%	-2.27%	-26.81%	-25.49%	-25.48%

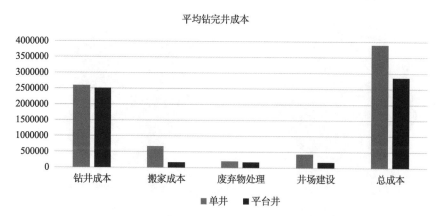

图 7-19 单井/平台井平均钻完井费用对比

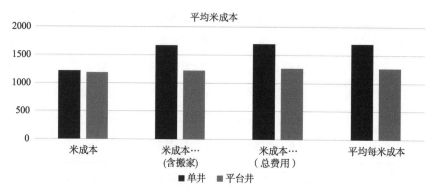

图 7-20 单井/平台井平均米成本费用对比

第八章

钻井废弃物处理技术

采用化学与物理相结合的方法，通过化学工艺和橇装式设备流动治污，可实现含油危废钻井液的泥砂、油水分离，钻井废液处理速度 $7 \sim 8m^3/h$，满足随钻处理要求，所有检测结果均符合尼日尔相关环保排放标准，实现了适宜尼日尔油田沙漠地区苛刻环境下的钻井、试油、修完井清洁化钻修井作业。

第一节　钻井废弃物特点及危害

钻井废弃物是钻井污水、钻井液、钻井岩屑和污油的混合物，是一种相当稳定的胶态悬浮体系，含有黏土、加重材料、各种化学处理剂、污水、污油及钻屑等，危害环境的主要化学成分有烃类、盐类、各类聚合物、重金属离子、重晶石中的杂物和沥青等改性物。这些污染物具有高色度、高石油类、高化学需氧量（COD）、高悬浮物、高矿化度等特性，是石油勘探开发过程中产生的主要污染源之一。油气田每钻完一口井，都要在原地丢下一个废弃的钻井液池。一个油气田有成千上万口井，就有成千上万个废弃钻井液池，每个钻井液池中的钻井废弃物少则有几百立方米，多则有几千立方米。这些废弃物具有的可溶性的无机盐类、重金属、有机烃（油类物质），若在井场堆放或掩埋，一旦被雨水浸泡、河流冲刷，就会对周围的土壤、水源、农田和空气造成严重的环境污染。

钻井废弃物通过一系列的化学生物和物理作用后，将对土壤、水质、生物等环境生态造成影响。

（1）其主要超标的指标有化学需氧量（COD）、生物需氧量（BOD）、油类、悬浮物（SS）以及金属盐类（如 Pb、Cb、Hg、Cr 盐等）。它们主要来自钻井液配制中各种钻井液添加剂的加入以及在钻井过程中钻井液的携带物。其中化学需氧量 COD 的值常常高达每升几千甚至几万毫克。

（2）每口井废弃钻井液按 $300m^3$ 计算，其中金属污染物的总量达到 13.2kg，重金属淋洗量达 4.3kg，表明废弃钻井液中重金属是潜在的污染源。

（3）通过对废弃钻井液进行模拟雨水淋洗分析，废弃钻井液中油的浸出率最高达90%，其次是总铬，浸出率为50%。淋洗顺序为：油>TCr>CODCr>As>Pb>F⁻>Hg。对于重金属来说，尽管其浸出液除总铬外，大都达标，但其浸出率相对较大。浸出液中主要污染物为CODCr、总铬和油。由此进一步说明，废弃钻井液不可直接排放。

（4）钻井废弃物的环境可生化性较差，不适宜用生化方法进行处理。

（5）钻井废弃物中有毒、有害物质会经过自然降雨淋洗而溢流或渗入地下，对地表水、地下水以及土壤造成影响，并且有可能在土壤中富集，不仅会对土壤中的大量微生物产生不良影响，而且会使土壤碱化或中毒，如果被植被吸收，将会对其产生毒害作用，甚至危害人畜等。

（6）废弃钻井液本身是一种极为复杂都分散体系，它以黏土、水为基础，使黏土分散在水中形成一种较为稳定的分散体系，其颗粒粒径一般在 $10^{-2} \sim 2\mu m$，具有胶体和悬浮体的性质，因此具有相当的稳定性。

（7）由于其特殊的组分使其具有相当都稳定性，这种稳定性使废弃钻井液能够在长时间内保持稳定的状态，ζ电位值很高。因此，要想破坏其稳定性，就必须加入大量的处理剂使其脱稳，废弃钻井液的处理难度大、费用高。

尼日尔 Agadem 油田地处撒哈拉沙漠腹地、自然保护区内，尼日尔政府对环保要求苛刻。Agadem 油田尼日尔废物排放相关法规对液体废弃物、固体废弃物、粉尘及其他气体排放物有严格的法律规定。

虽然 Agadem 油田钻井作业之初就重视油田的环保问题，采用环保型钻井液体系，但是油气井钻探、试油和修井过程中，不可避免地需要大量使用化学处理剂，包括降滤失剂、增黏剂、降黏剂、页岩抑制剂、润滑剂、消泡剂、解卡剂、堵漏剂、杀菌剂、加重材料等，有机物含量高且种类繁多，总体上表现出高 CODCr、高 pH 值、含有一定量油的复杂和多变的特点，存在给周围环境的土壤、地表水和地下水造成严重污染的风险，因此对钻井废弃物进行无害化处理，实现"零污染"达标排放是满足 Agadem 油田勘探开发的需要。

第二节　尼日尔钻井废弃物处理要求

一、指标要求

废液处理中水水质达标要求见表8-1。

表 8-1 废液处理中水水质达标要求

指　　标	标　　准	
	方法	标准
汞含量(mg/0.1kg)	Spectrometry AA	≤1.00
镉含量(mg/0.1kg)	Spectrometry AA	≤0.05
氰化物含量(mg/0.1kg)	Spectrometry AA	≤0.20
铅含量(mg/0.1kg)	Photometry	≤1.00
铬含量(mg/0.1kg)	Spectrometry AA	≤1.00
镍含量(mg/0.1kg)	Photometry	≤1.00
锌含量(mg/0.1kg)	Spectrometry AA	≤1.00
铜含量(mg/0.1kg)	Spectrometry AA	≤1.00
砷含量(mg/0.1kg)	Spectrometry AA	≤0.20
MES(mg/L)	Densimetry	≤1000
DBO-5 a 20℃(mg/L)	DBO Metriy	≤1000
DCO(mg/L)	Titrimetry	≤200
含氮量(mg/L)	KEDJDHAL	≤60
pH 值		6~9.5
不溶物	浓度法	不存在
汞含量(mg/L)	Spectrometry AA	≤0.50
镉含量(mg/L)	Spectrometry AA	≤0.02
砷含量(mg/L)	Spectrometry AA	≤0.10
氰化物含量(mg/L)	photometry	≤0.10
铅含量(mg/L)	Spectrometry AA	≤0.50
铬含量(mg/L)	photometry	≤1.00
镍含量(mg/L)	Spectrometry AA	≤1.00
锌含量(mg/L)	Spectrometrie AA	≤1.00
铜含量(mg/L)	Spectrometrie AA	≤1.00

二、钻井废弃物处理方法

国内外主流的废液处理工艺，按处理原理分为固化法、物化法、化学法、生物法四类。

（1）固化法主要是处理废弃钻井液的一种较为成熟的方法。通过向废弃钻井液中加入一定量的固化剂，使其与污染物发生一系列的物理化学反应从而形成具有一定强度的固结体，之后可以填埋处理或作为建筑材料等。这种方法成本高，掩埋后废弃物的浸出液仍然会对土壤及地下水产生严重的污染，未能从根本上解决环保问题。

（2）物化法主要是利用经常遇到的污染物性质由一项转移到另一项的过程，即传质过程来分离废水中的溶解性物质，回收其中的有用成分，以使废水得到深度治理。常用的物理化学方法有喷雾干燥法、低压蒸馏法、热化学破乳—离心法、吸附法、萃取法、电解法和膜分离法等。

（3）化学法主要是通过化学反应的方式来分离或回收废水中的胶体性、溶解性物质等污染物，实现有用物质的回收利用、改变废水 pH 值、去除金属离子、氧化物等有机物。该方法能够改变污染物的性质，实现污染物质与水分离，达到比简单的物理处理方法更高的净化程度。常用的化学处理方法有化学沉淀与混凝沉淀法、氧化还原法、中和法等。

（4）生物法主要是是利用有特殊作用的细菌或微生物将废水中的有机物分解，同时达到去除 CODCr 的目的。生物法分为好氧生物处理法和厌氧生物处理法。

废液处理方式，按处理设备的可移动性可分为建厂集中式处理和移动式处理，在实际作业过程中可以单独采用一种处理工艺或同时采用两种及以上的不同处理工艺相结合，进行油田废弃物无害化处理。

（1）建厂集中式处理方式即为建厂集中式处理所有废弃物经集中处理后排放，井上的废液储存池依然留用，无法实现废弃物不落地处理。

（2）移动式处理主要是根据现场情况，组织机具将废弃钻井液和钻屑转运至软体钻井液缓存罐，由废弃物处理队进行处理；二开完井后，钻井液暂存于缓存罐内，部分钻井液将被重复利用于下口井的二开施工，减少了单井废弃物处理量。

第三节　尼日尔钻井废弃物无害化处理技术

根据尼日尔项目特点，选用移动式钻井废弃物处理设备，提供固液分离、分类处理、综合利用的废弃物不落地随钻处理工艺，该工艺可以克服落地后集中处理方式存在的缺点，对从井口返出的钻井废弃物在落地之前进行随钻处理，消除了井上废液储存池的污染，减少了对土地的占用，实现了钻修井废弃物无害化综合利用，实现了钻修井废弃物不落地处理。

一、随钻无害化处理技术优势

（1）从井口返出的钻井废弃物在落地之前就进行随钻处理，实现无害化处理和综合利用，做到了废弃物不落地处理。

（2）有利于节约土地资源，不会永久占用土地，油气井作业完成后可随钻机搬离现场。

（3）处理设备具有安装方便、易拆迁且不受环境影响等优点。

（4）集中建站的处理方式需要在钻修井现场和处理站之间不间断运输大量钻修井废弃物，而沙漠地区运输成本极高，移动式处理设备则可节约大量运输成本。

现场处理设备如图8-1所示。

图8-1 现场处理设备

二、工艺原理

钻修井废弃物经添加除油剂除油后，再经絮凝、助凝等药品处理后，达到脱稳破胶、混凝沉淀，同时氧化分解其中高分子有害物质为小分子无害物质，重金属离子等变为不溶于水的沉淀物，经脱水设备脱水后随滤饼排放。脱水设备排出的滤液再经水处理设备絮凝、助凝、深度除油、微电解深度氧化以及离子交换、沉降过滤等步骤，氧化分解滤液中剩余的致使CODCr值高及色度高的高分子有害物质为小分子无害物质，将 Cl^- 浓度控制在标准限值以内，最终达标排放；絮凝沉淀物返回脱水设备再处理，最终达标排放。

1. 废弃钻井液中油类物质的无害化处理原理

很多钻井液中带有少量油类物质，这些油类需要进行无害化处理。在收集的废水和钻井液混合物中，加入高效除油剂并进行搅拌，利用表面活性剂的渗透、乳化能力将黏附到固体颗粒上的原油类脱附到液相中，然后利用微小油颗粒自身、药剂以及曝气产生的微小气泡的作用变大为较大的油颗粒，并上浮到液面上，形成大的油块，大的油块聚集后，用刮油机将油收集后到油储罐，再净化脱水后送联合站。

2. 岩屑和泥土的无害化处理原理

废弃钻井液先除油后，加入破胶剂和絮凝剂，利用药剂离子带有正电性、药剂的氧化性等破坏钻井液的胶体体系，使钻井液中的有机物等与泥土分离后进入液相，然后，在真空力的作用下，将泥相与水相分离，脱水后形成的滤饼达到处理要求，废水进入废水处理系统进行无害化处理。

3. 废水无害化处理原理

1）废水达标排放

废水经过絮凝沉降—微电解氧化—高级氧化—中和沉降—过滤等步骤，在电化学、氧化—还原、氧化、物理吸附、絮凝、过滤等共同作用下，水中的绝大部分有机物被矿化，少量的水不溶有机物进入污泥中。废水经上述步骤处理后达到排放标准，可以排放或回注。水处理过程中产生的少量污泥返回到钻井液处理系统。

如果废水处理后进行配制聚合物或者浇花等在对水质要求高的场合使用，可在过滤后加入反渗透处理系统，反渗透得到水作配制聚合物或浇花用，产生的浓水可回注或达标排放。

2）废水达标回注或者进入联合站废水处理系统

废水经过絮凝沉降—过滤等步骤，水中的悬浮物颗粒大颗粒去除，达到回注或进站标准。

4. 工艺主要特点

（1）处理效果好，处理后的固体废物和废水完全分别达到国家和地方的环保标准。

（2）处理时间短，单套装置可处理每小时10立方米以上，并可根据甲方要求配备相应的设备提高日处理量。

（3）如果废弃钻井液或钻井修井液中有原油类，可回收原油。

（4）处理后泥土土质松散，便于利用。

（5）设备与技术已经应用十多年，成熟先进。

三、设备摆放

尼日尔废弃物随钻处理设备现场配套有废弃物收集装置、钻井液脱水装置、水处理装置及工具房及实验室。废弃物收集装置靠近 1#—3#罐远钻机侧摆置，通过导泥板和螺旋收集机分别与振动筛、除泥器、离心机等固控设备连接摆放在一起。现场布置两个滤饼坑，临侧布置有脱水装置、水处理装置、工具房及实验室。

现场处理设备摆放如图 8-2 所示。

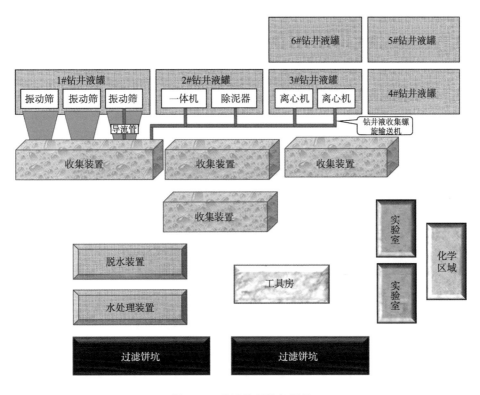

图 8-2　现场处理设备摆放

四、工艺流程

将处理场拉来的钻完井钻井液废弃物放入钻井液罐中，用泵将钻井液废弃物泵入除油系统，在高效除油剂、除油助剂及曝气的作用下，原油浮到水面上，用刮油机将原油收集到储油罐中，并不定时将收集的原油装入桶内运到联合站回收原油。除油后的钻井液进入破胶罐，在破胶罐中加入复合絮凝剂和氧化剂进行破胶及絮凝处理，使钻井液中的大部分污染物进入水相。破胶后泥水混合物进入固液分离系统，用真空带式过滤机将泥水进行真空分离处理，出来的滤饼各项指标达到排放指标，可以直接排放。固液分离后的污水进入水处理装置进行一系列处理：先在酸碱调节罐中加入pH值调节剂进行酸碱调节，再进入微电解氧化系统中进行氧化降解；从微电解氧化系统出来的废水进入高级氧化系统，在氧化剂和氧化助剂的作用下氧化水中有机物；从高级氧化出来的废水进入絮凝沉降系统，在该系统中加入pH值调节剂调节废水的pH值后并加入混凝剂和絮凝剂进行絮凝沉降，去除水中的悬浮物；然后，废水进入过滤系统进一步去除水中悬浮物，经检测完全达标排放指标要求后回用或排放。工艺流程如图8-3所示。

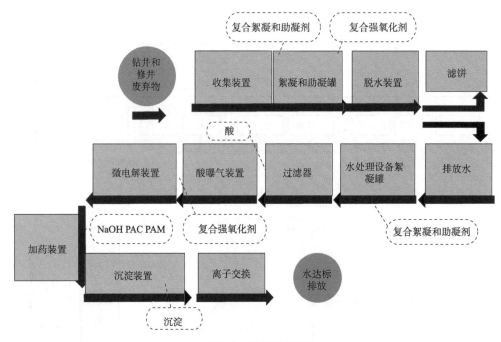

图8-3 工艺流程图

1. 废弃物收集

将岩屑和钻井液废液等废弃物全部收集进入钻井液收集罐中，过程无遗漏。准备送入下一道处理工序。随钻井队的废液收集装置有效容积为 $90m^3$（图8-4），无法满足钻井队某些时段大量排出废液，进入收集装置的要求，如表层及一开快速钻进、固井作业期间。因此，每个随钻处理设备系统配备4个同等规格的钻井液收集装置，一个紧邻井队1#钻井液罐埋在地下，另外三个摆在地面上作为备用罐，经现场应用证实可满足生产作业要求，有利于保证钻井工作平稳顺利进行。

2. 钻井液废液的复合絮凝、助凝和强氧化

在钻井液脱水设备的预处理装置中添加复合絮凝、助凝药剂(由4种化学药品配比而成)，快速把钻井液废液中的有害物质转化到水中，并使吸附水转化为游离水。之后添加复合强氧化剂(由2种不同的氧化剂配比而成)，快速分解钻井液废液中的有害物质。钻

井液废液絮凝处理设备如图 8-5 所示。

图 8-4　废液收集设备

图 8-5　钻井液废液絮凝处理设备

3. 钻井液脱水

利用钻井液脱水装置(图 8-6)对钻井液脱水,并制成无害化滤饼,滤液统一收集进入水处理设备预处理装置中。经处理的无害化滤饼可以循环使用,用于农耕或者制作路面砖。

图 8-6　脱水设备

改进后,在脱水装置滤饼排放端加设一个滤饼收集槽,便于铲车操作,同时也不会损坏地面上铺设的防渗膜,如图 8-7 所示。此整改措施经实施后证实可行,实用,并易于搬家运输。

4. 滤液的絮凝和助凝

通过添加复合絮凝、助凝剂(由 4 种化学药品配比而成),使有害物质溶解在水中,

图 8-7　滤饼收集斗

絮凝产物沉淀后回收进入钻井液收集装置，随钻井液废液进入钻井液脱水工序。滤液絮凝设备如图 8-8 所示。

5. 过滤器

过滤器(图 8-9)的作用是去除上一道工序出水中的悬浮物。定期反洗过滤器，反洗出水收集进入水处理设备预处理装置中，随钻井液脱水过程中产生的滤液一起进行处理。

图 8-8　滤液絮凝设备　　　　　图 8-9　过滤器

6. 酸曝气

通过加酸控制 pH 值在 3 左右；进一步除油，使含油量低于 10mg/L。酸曝气如图 8-10 所示。

图 8-10 酸曝气

7. 微电解

经酸曝气的出水进入微电解曝气装置(图 8-11)，通过微电解反应，分解高聚合有机物，去除绝大多数有害物质。

图 8-11 微电解池

8. 沉淀

在微电解出水进入沉淀装置的管道上顺序加入碱、复合絮凝剂、助凝剂，调节 pH 值，等待沉淀。定期清理沉淀物，返回钻井液脱水设备预处理装置中，同钻井液废液一起进行处理。斜板沉降池如图 8-12 所示。

9. 离子交换

利用离子交换设备(图 8-13)，通过离子交换，将 Cl^- 等浓度控制在 500mg/L 以下。

171

图 8-12 斜板沉降池

10. 排放

经处理后的水达标排放(图 8-14),亦可用于农田灌溉、浇灌井场或回注地下。

图 8-13 离子交换设备

图 8-14 达标排放

五、钻井废液随钻无害化处理药剂加量

1. 氯化钾硅酸盐钻井液体系无害化处理配方

1)高效除油剂加量

除油剂加量与除油率的关系如图 8-15 所示,氧化剂加量与化学需氧量 COD 的关系

如图8-16所示。

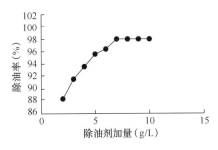

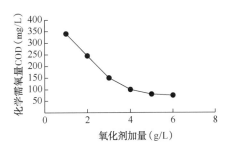

图 8-15 除油剂加量与除油率的关系   图 8-16 氧化剂加量与化学需氧量 COD 的关系

2）絮凝剂、破胶剂加量

通过试验分析，选择絮凝剂用量4g/L，胶剂用量6g/L较合适，混凝剂用量与泥水分
离效果的关系见表8-20。

表 8-2 絮凝剂为 4g/L，破胶剂为 6g/L 时，混凝剂用量与泥水分离效果的关系

混凝剂用量（g/L）	现　　　象
5	废弃钻井液不容易破胶，真空抽滤时泥水分离困难，滤饼含水量大
10	废弃钻井液不容易破胶，真空抽滤时泥水分离困难，滤饼含水量大
20	废弃钻井液不容易破胶，真空抽滤时泥水分离困难，滤饼含水量大
30	废弃钻井液破胶慢，真空抽滤时泥水分离慢，滤饼含水量略大
40	废弃钻井液破胶快，真空抽滤时泥水分离快，滤饼含水量小
50	废弃钻井液破胶快，真空抽滤时泥水分离快，滤饼含水量小
60	废弃钻井液破胶快，真空抽滤时泥水分离快，滤饼含水量小

3）混凝剂加量

通过试验分析，选择混凝剂用量4g/L较合适，絮凝剂用量与泥水分离效果的关系见
表8-3。

表 8-3 混凝剂剂为 4g/L，破胶剂为 6g/L 时，絮凝剂用量与泥水分离效果的关系

絮凝剂用量（g/L）	现　　　象
1	废弃钻井液泥水分离慢，真空抽滤后滤饼含水量大，出水浑浊
2	废弃钻井液泥水分离慢，真空抽滤后滤饼含水量大，出水略浑浊
3	废弃钻井液泥水分离略慢
4	废弃钻井液泥水分离快，真空抽滤后滤饼含水小，出水清澈

续表

絮凝剂用量(g/L)	现　　象
5	废弃钻井液泥水分离快，真空抽滤后滤饼含水小，出水清澈
6	废弃钻井液泥水分离快，真空抽滤后滤饼含水小，出水清澈

4）氧化剂加量

通过试验分析，选择氧化剂用量 4g/L 较合适，氧化剂用量与污水处理的效果见表 8-4。

表 8-4　氧化剂用量与污水处理的效果

氧化剂用量(g/L)	污水处理后出水 COD 含量
1	336
2	242
3	156
4	103
5	86
6	74

5）最终配方

钻井液无害化处理配方见表 8-5。

表 8-5　钻井液无害化处理配方

序号	药品种类（名称）	加量（kg/m³ 钻井液）
1	复合高效除油剂	8
2	混凝剂	40
3	絮凝剂	4
4	破胶剂	6
5	氧化剂	40
6	pH 值调节剂 A	5
7	pH 值调节剂 B	10
8	微电解强化剂	1

2. 一开膨润土聚合物废弃钻井液处理配方

1）配方

Agadem 区块一开钻井液为预水化膨润土浆，主要成分为膨润土、纯碱、烧碱、PAC-L、NPAN 等，针对这一钻井液体系，优化后的处理配方见表 8-6。

表 8-6 一开钻井液处理配方

序号	药品种类（名称）	加量（kg/m³ 钻井液）
1	复合高效除油剂	2
2	混凝剂	40
3	絮凝剂 1	4
4	破胶剂	6
5	氧化剂	4
6	pH 值调节剂 A	5
7	pH 值调节剂 B	10
8	微电解强化剂	1
9	絮凝剂 2	1

2）优化过程

采用单一变量控制法进行各药剂用量的优化，过程如下。

（1）根据试验分析，最终确定处理一开钻井液时除油剂的最优用量为 2g/L，如图 8-18 所示。

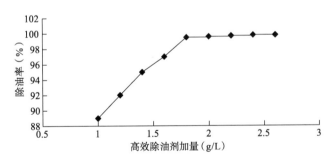

图 8-18 处理一开钻井液时高效除油剂加量与除油率的关系

（2）确定处理一开钻井液时混凝剂的最优用量为 40g/L（即 40kg/m³），见表 8-7。

表 8-7 絮凝剂为 4g/L，破胶剂为 6g/L 时，混凝剂用量与泥水分离效果的关系

混凝剂用量（g/L）	现　象
5	废弃钻井液不容易破胶，真空抽滤时泥水分离困难，滤饼含水量大
10	废弃钻井液不容易破胶，真空抽滤时泥水分离困难，滤饼含水量大

续表

混凝剂用量（g/L）	现　　象
20	废弃钻井液不容易破胶，真空抽滤时泥水分离困难，滤饼含水量大
30	废弃钻井液破胶慢，真空抽滤时泥水分离慢，滤饼含水量略大
40	废弃钻井液破胶快，真空抽滤时泥水分离快，滤饼含水量小
50	废弃钻井液破胶快，真空抽滤时泥水分离快，滤饼含水量小
60	废弃钻井液破胶快，真空抽滤时泥水分离快，滤饼含水量小

（3）絮凝剂1用量优化，确定处理一开钻井液絮凝剂1的最优用量为4g/L（即4kg/m³），见表8-8。

表8-8　混凝剂剂为4g/L，破胶剂为6g/L时，絮凝剂1用量与泥水分离效果的关系

絮凝剂1用量（g/L）	现　　象
1	废弃钻井液泥水分离慢，真空抽滤后滤饼含水量大，出水浑浊
2	废弃钻井液泥水分离慢，真空抽滤后滤饼含水量大，出水略浑浊
3	废弃钻井液泥水分离略慢
4	废弃钻井液泥水分离快，真空抽滤后滤饼含水小，出水清澈
5	废弃钻井液泥水分离快，真空抽滤后滤饼含水小，出水清澈
6	废弃钻井液泥水分离快，真空抽滤后滤饼含水小，出水清澈

（4）通过破胶剂用量优化分析，确定处理一开钻井液破胶剂的最优用量为6g/L（即6kg/m³）见表8-9。

表8-9　混凝剂为40g/L，絮凝剂为4g/L时，破胶剂用量与泥水分离效果的关系

破胶剂用量（g/L）	现　　象
3	废弃钻井液泥水分离慢，真空抽滤后滤饼含水量大，浸出液COD含量不合格
4	废弃钻井液泥水分离慢，真空抽滤后滤饼含水量大，浸出液COD含量不合格
5	废弃钻井液泥水分离略慢，真空抽滤后滤饼含水量略大
6	废弃钻井液泥水分离快，真空抽滤后滤饼含水小，出水清澈
7	废弃钻井液泥水分离快，真空抽滤后滤饼含水小，出水清澈
8	废弃钻井液泥水分离快，真空抽滤后滤饼含水小，出水清澈

（5）通过氧化剂用量优化分析，确定处理一开钻井液时氧化剂的最优用量为4g/L（即4kg/m³），见表8-10。

表 8-10　氧化剂用量与污水处理的效果

氧化剂用量（g/L）	污水处理后出水化学需氧量 COD 含量
1	336
2	242
3	156
4	103
5	86
6	74

（6）通过絮凝剂 2 用量优化分析，确定处理一开钻井液絮凝剂 2 的最优用量为 1g/L（即 1kg/m³），见表 8-11。

表 8-11　混凝剂为 40g/L，絮凝剂为 4g/L 时，破胶剂为 6g/L 时，

絮凝剂 2 用量与泥水分离效果的关系

絮凝剂 2 用量（g/L）	现　　象
0.4	废弃钻井液泥水分离慢，真空抽滤后滤饼含水量大，浸出液 COD 含量不合格
0.6	废弃钻井液泥水分离慢，真空抽滤后滤饼含水量大，浸出液 COD 含量不合格
0.8	废弃钻井液泥水分离略慢，真空抽滤后滤饼含水量略大
1.0	废弃钻井液泥水分离快，真空抽滤后滤饼含水小，出水清澈
1.2	废弃钻井液泥水分离快，真空抽滤后滤饼含水小，出水清澈
1.4	废弃钻井液泥水分离快，真空抽滤后滤饼含水小，出水清澈

对于 pH 值调节剂 A、pH 值调节剂 B、微电解强化剂，主要根据反应速度及处理效果进行用量优化，最终得出了表 8-6 所列的最优用量。

3. 一开固井水泥浆及钻井液混浆处理配方

1）配方

针对固井混浆，其主要成分为一开钻井液（见一开钻井液体系介绍）及水泥的混合液，优化后的处理配方见表 8-12。

表 8-12　固井混浆处理配方

序号	药品种类（名称）	加量（kg/m³ 钻井液）
1	复合高效除油剂	2
2	混凝剂	40
3	絮凝剂 1	4

序号	药品种类（名称）	加量（kg/m³ 钻井液）
4	破胶剂	6
5	氧化剂	40
6	pH 值调节剂 A	5
7	pH 值调节剂 B	10
8	微电解强化剂	1
9	絮凝剂 2	1
10	水泥缓凝剂	2

2）优化过程（水泥缓凝剂）

固井混浆中，主要问题是钻井液中含有部分水泥，水泥如果凝固结块以后，将加大混浆处理难度，因此，与处理钻井液的工艺的主要区别是加入了一定量的水泥缓凝剂，具体的优化过程见表 8-13。

表 8-13　水泥缓凝剂用量与水泥凝固时间的关系

水泥缓凝剂用量（g/L）	现　　象
1	部分水泥浆凝固结块，影响后期处理
1.5	少部分水泥浆凝固结块，影响后期处理
2	无水泥凝固结块，不影响后期处理
2.5	无水泥凝固结块，不影响后期处理
3.0	无水泥凝固结块，不影响后期处理

根据上述分析，最终确定处理固井混浆时水泥缓凝剂的最优用量为 2g/L（即 2kg/m³）。

4. 二开钻井液废液处理配方

1）配方

Agadem 区块二开钻井液体系为 KCL 聚合物钻井液体系（KCl 硅酸盐聚合物钻井液体系），主要成分为膨润土、PAC-L、KPAM、SMP-1、SPNH、硅酸盐缓蚀剂等，针对这一钻井液体系，优化后的处理配方见表 8-14。

表 8-14　二开（完井）钻井液处理配方

序号	药品种类（名称）	加量（kg/m³ 钻井液）
1	复合高效除油剂	8
2	混凝剂	40

续表

序号	药品种类（名称）	加量（kg/m³ 钻井液）
3	絮凝剂 1	4
4	破胶剂	6
5	氧化剂	4
6	pH 值调节剂 A	5
7	pH 值调节剂 B	10
8	微电解强化剂	1

2）优化过程

二开钻井液，即完井钻井液，与一开钻井液处理配方基本一致，主要区别在于：(1)复合高效除油剂量有所增大；(2)减少一种药品絮凝剂 2。高效除油剂加量与除油率关系如图 8-19 所示。

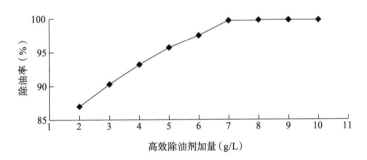

图 8-19　处理二开钻井液时高效除油剂加量与除油率的关系

5. 试油、修、完井废液处理配方

1）配方

本区块所用的压井液主要成分为 KCl，部分压井液含油，优化后的处理配方见表 8-15。

表 8-15　压井液处理配方

序号	药品种类（名称）	加量（kg/m³ 压井液）
1	复合高效除油剂	10
2	混凝剂	3
3	絮凝剂 1	1
4	破胶剂	6
5	氧化剂	2

续表

序号	药品种类（名称）	加量（kg/m³ 压井液）
6	pH 值调节剂 A	5
7	pH 值调节剂 B	10
8	微电解强化剂	1

2）优化过程

在优化过程中，采用单一变量控制法进行各药剂用量的优化，基本过程与优化一开钻井液处理配方的过程相似，主要区别在于：

（1）由于部分压井液含油，在配方上，加入了更多的复合高效除油剂；

（2）由于压井液成分相对钻井液比较简单，所以处理废弃物时的部分药品用量相对较少。

6. 生活污水处理配方优化

1）配方

生活污水主要包括各种洗涤污水、垃圾污水、粪便污水等，多为无毒的无机盐类，根据这些特定，优化后的配方见表 8-16。

表 8-16　生活污水处理配方

序号	药品种类（名称）	加量（kg/m³ 污水）
1	复合高效除油剂	4
2	混凝剂	4
3	絮凝剂 1	4
4	破胶剂	6
5	氧化剂	6
6	pH 值调节剂 A	3
7	pH 值调节剂 B	6
8	微电解强化剂	1

2）优化过程

生活污水处理过程中，所加的药品种类与生产污水处理过程中的种类基本一致，只是数量上有所不同，优化过程与前述配方一致。

7. 固井添加剂处理配方优化

1）配方

固井添加剂主要成分为过期分散剂、消泡剂、降失水剂及缓凝剂，优化后的处理配方见表8-17。

表8-17 固井添加剂处理配方

序号	药品种类（名称）	加量（kg/m³）
1	坂土浆	50 方
2	混凝剂	40
3	絮凝剂 1	4
4	破胶剂	6
5	氧化剂	40
6	pH 值调节剂 A	5
7	pH 值调节剂 B	10
8	微电解强化剂	1

2）优化过程

固井添加剂本身就是各种化学药剂，因此处理过程中要配膨润土浆，然后与添加剂混合处理，因此主要区别在于配置一定量的膨润土浆，膨润土浆成分与常规一开钻井液类似。

参 考 文 献

［1］李万军，周海秋，王俊峰，等. 北特鲁瓦油田第一口长水平段水平井优快钻井技术［J］. 中国石油勘探，2017，22（03）：113-118.

［2］孔祥吉，周玉斋，钱锋. 尼日尔 Agadem 油田大斜度井试油工艺探讨［J］. 油气井测试，2015，24（05）：56-57+61+78.

［3］Tengfei S，Feng Q，Xiangji K. The Application of Artificial Fish Swarm Algorithm in the Optimization of Well Trajectory［J］. Chemistry and Technology of Fuel and Oils，2016. 21（15）：4937-4944.

［4］侯学军，孔祥吉，钱锋，等. Agadem 油田新型个性化 PDC 钻头提速应用研究［J］. 重庆科技学院学报（自然科学版），2019，21（02）：1-5.

［5］Gang W，Honghai F，Yingying. L. et al. Performance and application of high-strength water-swellable material for reducing lost circulation under high temperature［J］. Journal of Petroleum Science and Engineering，2020，189：106957.

［6］Gang W，Honghai F，Guancheng J. Rheology and fluid loss of a polyacrylamide-based micro-gel particles in a water-based drilling fluid［J］. American Scientific Publishers，2020，10：657-662.

［7］王刚，樊洪海，刘晨超，等. 新型高强度承压堵漏吸水膨胀树脂研发与应用［J］. 特种油气藏，2019，26（02）：147-151.

［8］王刚，李万军，刘鑫，等. 阿克纠宾高研磨性地层钻井提速关键技术［J］. 石油机械，2018，46（09）：37-40+68.

［9］罗淮东，景宁，石李保，等. 乍得潜山钻井配套技术研究与应用［J］. 石油机械，2017，45（05）：42-46.

［10］Tianjin，Z，Xiangji，K，Feng Q. Evaluation of the Selection of Casing and Tubing Size in a Foreign Oil Field［J］. Chemistry and Technology of Fuels and Oils，2017，53（5）：794-800.

［11］Gang Y，Kun N，Jinsong T，et al. Optimization Selection of Bit and Application Research on PDC+Motor Combination Drilling Technique in the Desert Oilfield［J］. IOP Conference Series：Earth and Environmental Science，2019，310：022016.

［12］孙荣华，赵冰冰，王波，等. 尼日尔 Agadem 油田井壁稳定技术对策［J］. 长江大学学报（自然科学版），2019，16（06）：24-29.

［13］刘珊珊. 氯化钾硅酸盐在尼日尔 Agadem 油田的应用与研究［J］. 石化技术，2018，25（06）：118.

［14］王双威，张洁，周世英，等. 尼日尔油田储层保护钻井液技术研究［J］. 科学技术与工程，2015，15（03）：204-207+211.

［15］聂朝民，熊正祥，李玉英，等. 尼日尔 Agadem 区块油气成藏模式的认识［J］. 录井工程，2013，24（03）：81-83+87+99-100.

［16］付吉林，孙志华，刘康宁. 尼日尔 Agadem 区块古近系层序地层及沉积体系研究［J］. 地学前缘，2012，19（01）：58-67.